民航客机设备介绍与操作

周为民　孙　明　编　著

清华大学出版社

北　京

内 容 简 介

本书以国内各航空公司引进的新机型为例,涵盖了中短程、单通道窄体客机A320neo和波音737-8,以及远程、双通道客机A350机型,对民用客机的客舱设备进行了全面阐述。

本书首先介绍了空客A320型飞机的基本数据、舱门与出口、客舱设备操作、卫生间和厨房的设备操作、客舱交互通信数据系统和控制面板;然后介绍了空客A350型飞机的基本数据、飞机舱门、客舱通信系统和控制面板、客舱座椅操作、机组休息室设备、卫生间和厨房设备;接着以波音737机型为例,介绍了波音单通道飞机的基本数据、舱门与出口、客舱设备、卫生间和厨房设备、客舱控制面板和客舱通信系统;最后介绍了飞机上应急设备的种类、操作方法和注意事项。每节内容结尾均配有针对性的练习题,帮助学生巩固知识点。

本书以图文并茂的形式进行讲解,方便学生理解;专用词汇标以中英文,附录中附有客舱设备中英文对照表,便于学生在实际操作和工作中识别和记忆。

本书可作为各类院校民航乘务专业的教材,也可作为飞机爱好者的学习读物。

图书在版编目(CIP)数据

民航客机设备介绍与操作/周为民,孙明编著. —北京:清华大学出版社,2021.5(2023.7重印)

ISBN 978-7-302-58078-2

Ⅰ.①民…　Ⅱ.①周…②孙…　Ⅲ.①民用飞机—客舱—设备—介绍②民用飞机—客舱—设备—操作
Ⅳ.①V223

中国版本图书馆CIP数据核字(2021)第075707号

责任编辑:张　瑜
封面设计:杨玉兰
责任校对:李玉茹
责任印制:沈　露
出版发行:清华大学出版社

　　　　　网　　　址:http://www.tup.com.cn, http://www.wqbook.com
　　　　　地　　　址:北京清华大学学研大厦A座　　邮　　编:100084
　　　　　社 总 机:010-83470000　　　　　　邮　　购:010-62786544
　　　　　投稿与读者服务:010-62776969, c-service@tup.tsinghua.edu.cn
　　　　　质量反馈:010-62772015, zhiliang@tup.tsinghua.edu.cn
　　　　　课件下载:http://www.tup.com.cn, 010-62791865

印 装 者:三河市君旺印务有限公司
经　　销:全国新华书店
开　　本:185mm×260mm　　**印　　张:**14.5　　**字　　数:**345千字
版　　次:2021年7月第1版　　**印　　次:**2023年7月第2次印刷
定　　价:59.00元

产品编号:065323-01

前　言

我国民航事业不断蓬勃发展，引进民用客机的数量迅猛增加，为了保障民航工作顺利开展，提升航空专业学生的理论基础，故编写本书。

本书以中短程、单通道窄体客机 A320neo，最新的远程双通道、宽体客机 A350-900以及波音 737-8 为主要机型进行讲解，并涵盖了国内各航空公司的主力机型以及目前最新的先进技术，采用图文并茂的形式帮助学生更好地理解课程内容。每个章节末尾均配有练习题，以巩固所学知识。

全书共四章，主要内容介绍如下。

第一章介绍了空客 A320 型飞机的基本数据、舱门与出口、客舱设备操作、卫生间和厨房的设备操作、客舱交互通信数据系统和控制面板。

第二章介绍了空客 A350 型飞机的基本数据、飞机舱门、客舱通信系统和控制面板、客舱座椅操作、机组休息室设备、卫生间和厨房设备。

第三章以波音 737 机型为例，介绍了波音单通道飞机的基本数据、舱门与出口、客舱设备、卫生间和厨房设备、客舱控制面板和客舱通信系统。

第四章主要介绍了飞机上应急设备的种类、操作方法和注意事项。

通过本书的学习，希望学生能够对民用客机客舱设备有一定的了解，并能掌握相应的操作方法，提高自己的专业知识水平。

由于编者能力有限，书中难免有不足之处，恳请各位专家、老师和同学批评、指教。

编　者

目　录

目 录

第一章
空中客车 A320 系列飞机

　　A320 系列飞机是欧洲空中客车公司研制生产的中短程、单通道、亚音速民用航空器，代表着空中客车公司最成功的喷气式飞机家族。该公司于 1979 年 7 月宣布 A320 客机方案，1983 年 12 月 A320 型计划正式上线，1987 年 2 月 22 日第一架飞机首次试飞，1988 年 2 月获适航证并交付使用。作为率先采用电传操纵飞行技术的民用客机，自 A320 问世以来，便一直在制定行业标准。A320 系列飞机的主要机型包括 A318、A319、A320 及 A321 4 种，这 4 种客机拥有相同的基本座舱配置。本章以目前最新的、各航空公司采购且投入飞行的 A320neo 客机为主，详细介绍 A320 系列飞机的设备及使用方法。

第一节 飞机概述

A320neo 飞机是 A320 系列飞机的改进机型，装配了两台安装在大翼下方的高涵道比涡扇式新型高效发动机，采用了新一代鲨鳍小翼，机身和机翼部分结构使用了先进的轻型复合材料，减轻自身重量，与同类机型相比，可以显著降低飞机的燃油消耗，并有效减少二氧化碳排放，降低噪声；同时优化了客舱设计，客舱内行李箱空间与空气过滤系统也有所改善，提高了旅客飞行舒适度。

一、飞机的基本数据

A320neo 型飞机的尺寸如图 1-1 所示。

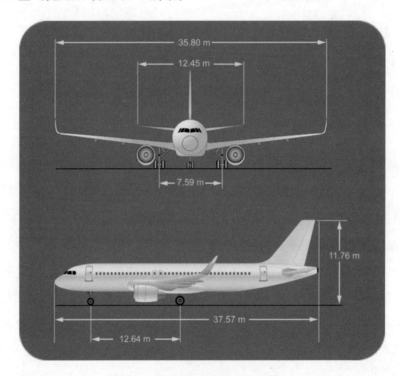

图 1-1 飞机的基本数据（外观尺寸）

① 机长：37.57m。

② 翼展：35.80m。

③ 机高：11.76m。

④ 客舱长度：27.51m。

⑤ 最大客舱宽度：3.70m。

⑥ 最高设计时速：0.82Ma。

⑦ 最大飞行高度：39000 ~ 41000ft(1ft=0.3048m)。

⑧ 最大起飞重量：79t。

⑨ 最大降落重量：67.4t。

⑩ 最大航程：约为 6300km。

二、飞机的外部结构

纵览飞机外观，飞机由机头、机身、机翼、机尾等部分组成，如图 1-2 所示。

① 机头部分是驾驶舱。

② 机身部分由上部的客舱和下部的货舱与电子舱组成。

③ 机翼部分位于机身两侧，由缝翼 (Slats)、襟翼 (Flaps)、副翼 (Aileron)、扰流板 (Spoilers) 等组成，起到控制飞行姿态的作用；机翼下方是飞机的发动机。

④ 机尾部分由方向舵、升降舵、可调水平安定面组成，分为垂直尾翼和水平尾翼。

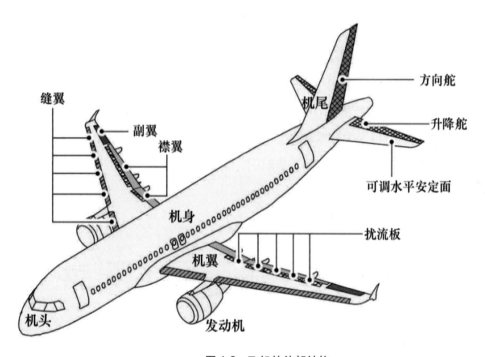

图 1-2　飞机的外部结构

三、飞机的起落架

A320 系列飞机配有 3 个起落架，包括两个安装在机翼内、侧向向机身收起的主起落架，以及一个安装在机头下方、向前收起的前起落架，如图 1-3 所示。

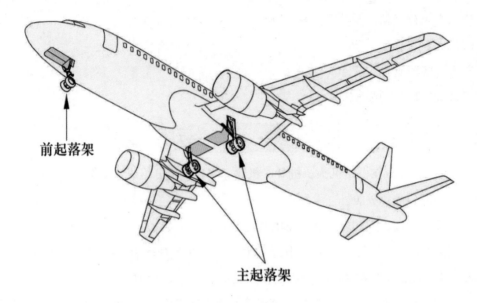

前起落架

主起落架

图 1-3　飞机的起落架

四、飞机货舱

A320 系列飞机配有 3 个货舱，位于飞机机身下舱部位，如图 1-4 所示，分别是前货舱 (FWD)、后货舱 (AFT) 和散货舱 (BULK)。其中，前货舱和后货舱是用于运输货箱和货板的货运舱体；散货舱是用于安放零散货物的。在客舱地板下方、机身右侧，安装了 3 个货舱门，分别是前货舱门、后货舱门和散货舱门，如图 1-5 所示。

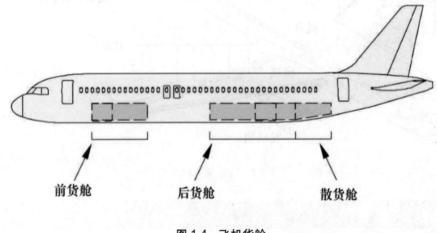

前货舱　　　　后货舱　　　　散货舱

图 1-4　飞机货舱

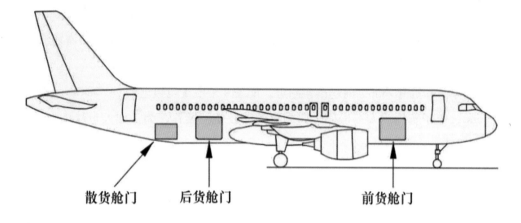

散货舱门　　后货舱门　　　　前货舱门

图 1-5　飞机的货舱门

五、飞机出口

(一)A320neo 飞机的出口

① 飞机前部和后部配备有两组大尺寸 I 型舱门，通常用于旅客和机组人员上下机以及作为服务对接门，如图 1-6 所示。

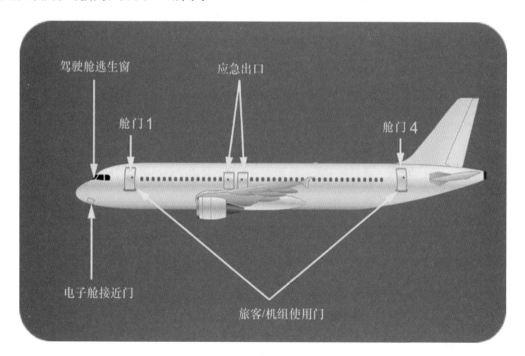

驾驶舱逃生窗　　　应急出口

舱门 1　　　　　　　　　　　　　　　　舱门 4

电子舱接近门

旅客/机组使用门

图 1-6　飞机出口

② 飞机左、右两侧机翼上方各配备两个应急出口 (Emergency exits)，该出口门通常处

于预位状态。紧急情况下，从客舱内部打开应急出口，使应急逃生滑梯自动展开。

③ 机头左、右两侧，各配备一个驾驶舱逃生窗(Cockpit window exits)，该窗为滑动窗，只能从驾驶舱内部打开。

④ 机头下方、机身外部、前起落架附近，配备4个电子舱接近门(Avionics compartment access doors)。电子舱门为人工操作、向内打开的铰链门装置，为工作人员从机身外部接近电子舱的通道。

(二) 舱门尺寸

以 A320neo 型飞机为例，舱门尺寸如表 1-1 所示。

表 1-1 舱门尺寸

单位：m

A320neo	左侧舱门 高 × 宽	右侧舱门 高 × 宽	离地高度
Ⅰ型门	1.85×0.81	1.85×0.81	3.4
应急出口	1.02×0.51	1.02×0.51	3.79

六、客舱布局

A320 系列飞机中，A320neo 型飞机客舱最大座位数是 194 个，航空公司选配的座位数通常是 150 ~ 180 个；A321neo 型飞机客舱最大座位数是 244 个，航空公司选配的座位数通常是 180 ~ 220 个。以两舱位为例，某航空公司 A320neo 型飞机客舱布局如图 1-7 所示。

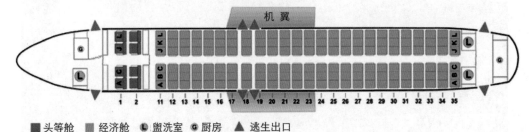

图 1-7 某航空公司 A320neo 飞机的客舱布局

练习题

1. A320neo 型飞机的机长、机高、翼展和客舱长度分别是多少米？
2. A320 系列飞机有几个货舱？各分布在何处？

3. 请写出 slats、flap、aileron、spoilers 的中文含义。

4. A320 型飞机有几个舱门？有几个出口？

5. A320 型飞机的起落架位于什么位置？

6. A320neo 型飞机的最大航程是多少？

7. A320neo 型飞机的特点是什么？

8. A320neo 型飞机客舱最多可以装配多少个座位？

第二节 飞机舱门及出口

A320 系列飞机配备 4 个 I 型舱门 (Door1/4 L/R) 和 4 个 III 型应急出口 (Overwing Emer Exit FWD L/R，AFT L/R)，每个舱门 / 出口都有一套完整的开启 / 关闭舱门操作设施。

通常情况下，左侧 1 号舱门 (Door 1L) 和左侧 4 号舱门 (Door 4L) 是登机门，供乘客上下飞机使用，其中左侧 1 号舱门为主登机门；右侧 1 号舱门 (Door 1R) 和右侧 4 号舱门 (Door 4R) 是服务门，供装卸食品车和清洁车使用。

在紧急情况下，所有的舱门和应急出口都可以做应急撤离出口使用，如图 1-8 所示。

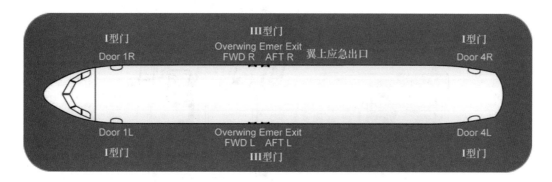

图 1-8 飞机出口

A320 系列飞机所有 I 型舱门都配备应急逃生装置 (滑梯或滑梯救生筏)，悬挂于舱门下半部分。所有应急出口 (III 型门) 也都配备应急逃生装置 (滑梯或滑梯救生筏)，存储在应急出口下方。

一、I 型舱门

A320 系列飞机的 I 型舱门如图 1-9 所示。

I 型舱门由分离器预位系统、阵风锁、辅助手柄、舱门锁定指示器、观察窗、舱门操作手柄、逃生滑梯包、滑梯压力表等组成，如图 1-10 所示。

右侧舱门　　　　　　　　　　　　　　　左侧舱门

图 1-9　飞机 I 型舱门

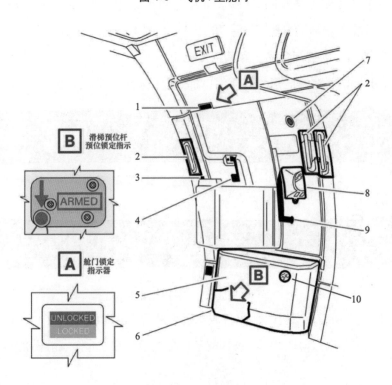

图 1-10　舱门结构

1—舱门锁定指示器 (door locking indication)；2—辅助手柄 (assist handles)；3—阵风锁 (gust lock)；
4—分离器预位系统 (arming system)；5—逃生滑梯包安装盒 (escape slide container)；6—滑梯预位杆预位
锁定指示 (girt bar floor visual indication)；7—蜂鸣器警报 (buzzer signal horn)(选装)；
8—观察窗 (observation window)：包括客舱压力警告指示灯 (cabin pressure warning indicator light) 和分离
器预位警告灯 (slide armed indicator light)；9. 舱门操作手柄 (door control handle)；
10. 滑梯压力表（slide pressure gauge）

二、I型舱门的组成结构

（一）分离器预位系统

分离器预位系统位于 I 型舱门中部，是一组使滑梯充气或阻止滑梯充气的设备装置。分离器预位系统由以下几个部分组成，如图 1-11 所示。

① 分离器手柄：端部为黄色或灰色，乘务员可使用分离器手柄对舱门进行滑梯预位和解除滑梯预位操作。

② 安全销：按住安全销的释放按钮，可以取出安全销。当分离器处于解除预位状态时，应插入安全销，防止滑梯充气；当分离器处于预位状态时，安全销放在安全销存放孔内，如图 1-12 所示。

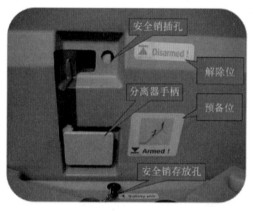

(a) 分离器预位系统

(b) 安全销

(c) 红色警示带

图 1-11　舱门分离器

③ 安全销插孔。

④ 安全销存放孔。

⑤ 分离器手柄位置指示牌：Disarmed 表示绿色滑梯解除预位；Armed 表示红色滑梯预位。

⑥ 红色警示带：连接在安全销上，起警示作用。

分离器预位状态

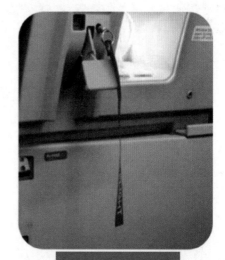

分离器解除预位状态

图 1-12　分离器状态

（二）阵风锁

阵风锁是位于舱门中部的白色按钮，用于固定舱门。打开舱门后，阵风锁将舱门锁定在全开位置，避免舱门移动。关闭舱门时，先按下阵风锁，然后向内拉动舱门把手，借助辅助手柄拉动舱门，直至舱门关闭，如图 1-13 所示。

（三）辅助手柄

乘务员在客舱内部开启或关闭舱门时，可以借助辅助手柄，如图 1-14 所示。

（四）观察窗

观察窗位于舱门中部，用于观察外部情况，确认是否可以开启舱门。观察窗下安装有两个警告指示灯，从客舱内部和外部均清晰可见，分别是红色三角形凸起的客舱压力警告指示灯 (cabin pressure warning indicator light) 和白色矩形平面的分离器预位警告灯 (slide armed indicator light)，如图 1-15 所示。

正常情况下，当发动机关车、舱门解除预位后，乘务员提起舱门操作手柄，打开舱门时两个警告指示灯均不会亮起；若客舱压力警告指示灯显示红色闪烁，则表示客舱内外存在压差（压差大于 2.5m bar(1m bar=100Pa)），此时不应继续操作舱门；若分离器预位警告灯显示白色长亮，则表示舱门滑梯仍处于预位状态，此时也不应继续操作舱门，需要重新确认分离器操作是否准确到位。

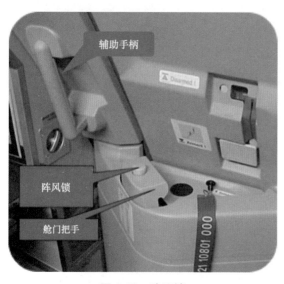

图 1-13 阵风锁

图 1-14 辅助手柄

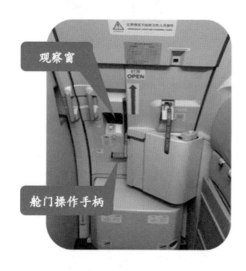

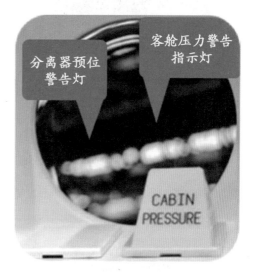

图 1-15 观察窗

（五）舱门锁定指示器

舱门锁定指示器位于舱门上部，如图 1-16 所示，指示舱门状态。当舱门处于锁闭状态时，显示绿色的 LOCKED（锁定）字样；当舱门未锁闭时，显示红色的 UNLOCKED（解锁）字样。

（六）舱门操作手柄

舱门操作手柄用于在客舱内部开启或关闭舱门，如图 1-15 所示。

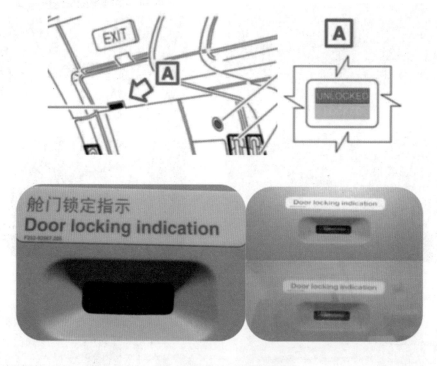

图 1-16 舱门锁定指示器

三、舱门安全绳（门栏绳）

每个舱门门框内，都安装有舱门安全绳 (Safety strap of the cabin door)，只有在客舱门开启时可见。舱门安全绳的颜色由黑色和黄色相间组成。若舱门处于打开状态，但没有连接客梯车、廊桥或勤务车，则必须使用门栏绳，如图 1-17 所示。

图 1-17 门栏绳

需要注意的是，舱门安全绳仅起到警示作用，告知工作人员此处舱门处于开启状态，并不能防止人员或者物品从舱门处跌落或者掉落，工作期间需要注意人身安全。

四、滑梯的操作

（一）滑梯预位

① 若安装了滑梯预位手柄舱罩，则向上抬起滑梯预位手柄舱罩，如图 1-18 所示。

② 按住安全销顶部的释放按钮，将安全销从安全销插孔中取出，插入下方安全销存放孔内，整理并卷好红色警示带。

③ 向下按滑梯预位手柄至与舱门平齐。

④ 若安装了滑梯预位手柄舱罩，则将滑梯预位手柄舱罩盖好。

⑤ 当滑梯预位手柄处于预位位置时，从外侧开门，滑梯将自动回到解除预位位置。

（二）解除滑梯预位

① 若安装了滑梯预位手柄舱罩，则向上抬起滑梯预位手柄舱罩。

② 将滑梯预位手柄向上抬起至解除位。

③ 从安全销存放孔中取出安全销。

④ 按住安全销顶部的释放按钮，将安全销插入安全销插孔内，展开红色警示带垂放在滑梯预位手柄上，如图 1-18 所示。

⑤ 若安装了滑梯预位手柄舱罩，则将滑梯预位手柄舱罩盖好。

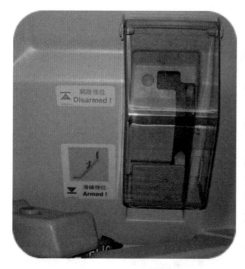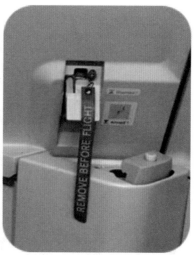

图 1-18 滑梯预位手柄舱罩与滑梯预位手柄

（三）注意事项

① 飞机开始移动推出或飞机到达完全停稳后方可操作滑梯预位或解除滑梯预位。

② 必须在乘务长下达口令之后操作。

③ 操作完成后，一定严格执行互检制度，防止滑梯在非正常情况下充气展开。

五、Ⅰ型舱门的操作

（一）正常操作Ⅰ型舱门开启

① 分离器手柄在解除预位 (Disarmed) 位置，且已插好安全销。

② 观察红色客舱压力警告指示灯和白色分离器预位警告灯。

③ 若红灯闪亮或者白灯长亮，禁止开门并报告驾驶舱；若警告指示灯未亮，向上完全提起舱门操作手柄。

④ 抓住辅助手柄向外向前推门，直至阵风锁将舱门锁定在全开位置，如图 1-19(a) 所示。

（二）应急操作Ⅰ型舱门开启

① 从观察窗向外查看，确认周围环境无烟、无火、无障碍。

② 分离器手柄在预位 (Armed) 位置。

③ 用力迅速向上提起舱门操作手柄。

④ 舱门自动打开并锁定在全开位置(气动助力开门失效时人工推开舱门)，如图 1-19(b)所示。

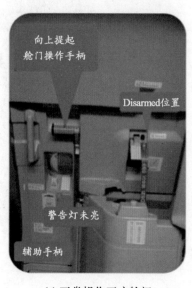 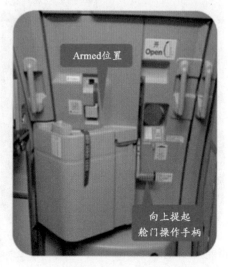

(a) 正常操作开启舱门　　　　　　(b) 应急操作开启舱门

图 1-19　舱门开启操作

（三）正常操作 I 型舱门关闭

① 一只手抓住机身辅助手柄。

② 另一只手按住阵风锁按钮，同时顺势向内拉动舱门手柄。

③ 向下压舱门操作手柄直至关闭。

④ 确认舱门锁定指示器位于锁定状态 (LOCKED)。

⑤ 确认舱门没有任何夹杂物，如图 1-20 所示。

图 1-20　舱门关闭操作

（四）外部操作 I 型舱门开启和关闭

1. 开启时的操作

① 从观察窗向内查看，确认红色客舱压力警告指示灯未闪亮。

② 向内按压舱门手柄，按压"push here"位置。

③ 将手柄向上抬起，至绿色水平线。

④ 将舱门向外拉到全开位置，直至被阵风锁锁住。

⑤ 向下按手柄与舱门平齐，拉出舱门安全绳并挂好，如图 1-21 所示。

2. 关闭时的操作

① 将舱门安全绳收回。

② 确认舱门内外无障碍物。

③ 按住阵风锁按钮，待舱门拉动后再放开。

④ 将舱门控制手柄提起，推动舱门至关闭位置。

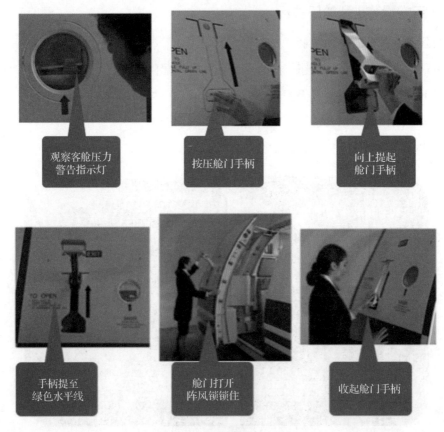

观察客舱压力
警告指示灯

按压舱门手柄

向上提起
舱门手柄

手柄提至
绿色水平线

舱门打开
阵风锁锁住

收起舱门手柄

图 1-21　外部开启舱门操作

⑤ 向下按压控制手柄至与舱门平齐，将舱门关好。

⑥ 检查舱门密封状况，确认舱门没有夹杂物，如图 1-22 所示。

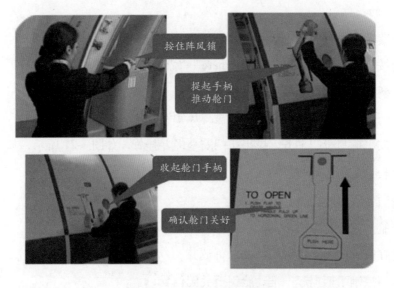

按住阵风锁

提起手柄
推动舱门

收起舱门手柄

确认舱门关好

图 1-22　外部关闭舱门操作

六、Ⅲ型应急出口

A320 系列飞机有 4 个Ⅲ型应急出口，每侧机身各两个，如图 1-23 所示。应急出口始终处于预位状态。正常情况下，注意预防误操作。

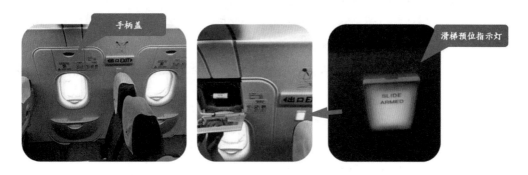

图 1-23　Ⅲ型应急出口

具体操作方法：第一步取下手柄盖；第二步将手柄盖扔向远处，看到红色手柄和滑梯预位指示器亮起；第三步向下拉动红色手柄，使应急出口门向下向内开启；第四步抓住把手，移开应急出口门；第五步把应急出口门扔出去，如图 1-24 所示。

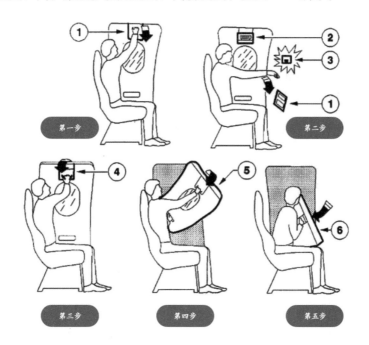

图 1-24　Ⅲ型应急出口操作

①—手柄盖；②—红色手柄；③—滑梯预位指示器；④—向下拉动红色手柄；
⑤—移动应急出口门；⑥—扔出应急出口门

📖 **练习题**

1. A320 系列飞机有几个出口？

2. A320 系列飞机的出口类型是什么？

3. A320 系列飞机舱门锁定指示器的作用是什么？

4. Gust lock 是什么设备？如何使用？

5. A320 系列飞机 I 型舱门分离器手柄位置指示牌中的 Armed 和 Disarmed 分别表示什么意思？

6. A320 系列飞机 I 型舱门观察窗下面矩形平面状设备是什么？

7. A320 系列飞机 I 型舱门观察窗下面三角形凸起状设备是什么？

8. A320 系列飞机从外部打开舱门滑梯会自动充气吗？

9. A320 系列飞机舱门安全绳的作用是什么？

10. A320 系列飞机 I 型舱门正常开 / 关舱门的操作程序是什么？

11. A320 系列飞机滑梯预位时，安全销在什么位置？

12. A320 系列飞机 III 型应急出口的开启程序是什么？

第三节　客舱内部

一、飞机布局

（一）驾驶舱的布局

A320 系列飞机的驾驶舱采用双机组布局，并配备观察员座椅。在设计上，最大限度地保证了飞行员的舒适性和便捷性，同时提供多种样式的设备存储空间。此外，驾驶舱是隔声和隔热的。

A320 系列飞机驾驶舱的机组座椅横排并列。机组座椅后侧可增加 1～2 个观察员座椅，观察员座椅为折叠型座椅，起飞降落过程中也可使用，如图 1-25 所示。

（二）客舱的布局

A320neo 型飞机客舱的布局根据航空公司选配需求不同而有所差异，以其中一种两舱位布局为例，展示如图 1-26 所示。

图 1-26 中的 A320neo 型飞机客舱共有 186 个座位，其中超级经济舱 24 个座位，经济舱 162 个座位；机上配有两个厨房，分别位于飞机前部和尾部；机上配有 3 个卫生间，飞

机前部有 1 个，飞机尾部有 2 个。

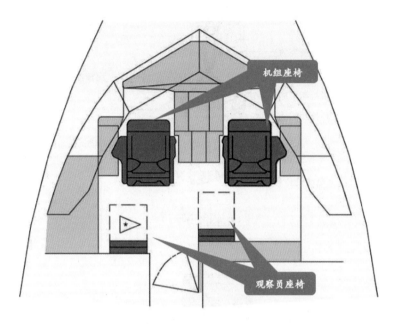

图 1-25　驾驶舱的布局

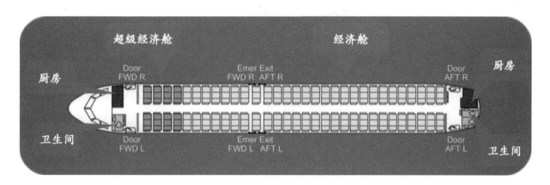

图 1-26　客舱的布局

二、机上座椅

（一）驾驶舱座椅

1. 机组座椅

　　A320 系列飞机上的两个机组座椅是完全相同的。但左侧机长座椅 (CAPTAIN SEAT) 的操作控制在右边，而右侧副驾驶座椅 (F/O'S SEAT) 的操作控制在左边。机组座椅的位置、扶手高度和靠背均可调节，其安全带是高强度五点式，使人能承受飞行和迫降（水上和陆地）过程中的过载负荷，并能迅速打开，如图 1-27 所示。

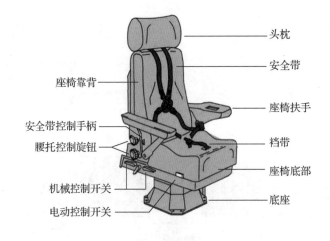

(a) 座椅正面

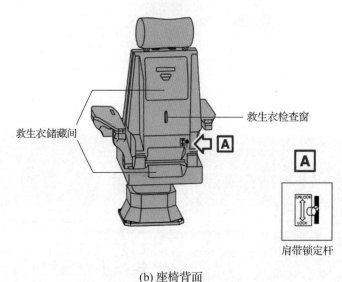

(b) 座椅背面

图 1-27　机组座椅

2. 折叠式观察员座椅

观察员座椅分为第三座椅和第四座椅 (Third/Fourth occupant seat)。座椅位于驾驶舱门前过道的侧边，由折叠式座椅、座椅扶手、靠背、安全带等组成，如图 1-28 所示。

（二）乘务员座椅

客舱乘务员座椅的布局根据航空公司需求配备，但最低不少于 4 座。A320neo 型飞机上配有 2 个双人乘务员座椅和 1 个单人乘务员座椅，分别位于飞机前舱门和后舱门区域，在起飞和下降期间，乘务员必须坐在乘务员座椅上，如图 1-29 所示。

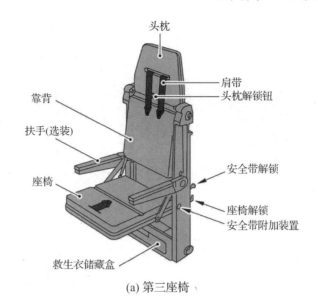

头枕

肩带
头枕解锁钮

靠背

扶手(选装)

座椅

安全带解锁

座椅解锁
安全带附加装置

救生衣储藏盒

(a) 第三座椅

头枕

固定靠背

锁定装置
安全带锁扣
滑槽
支撑连杆
安全带

坐垫

救生衣储藏盒(选装)

(b) 第四座椅

图 1-28　观察员座椅

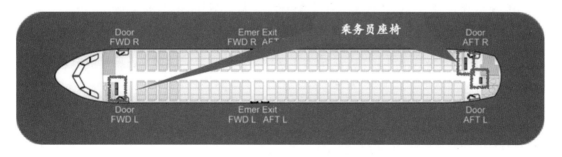

图 1-29　乘务员座椅的布局

乘务员座椅由头枕、靠背、安全带、座椅垫等组成，如图 1-30 所示。

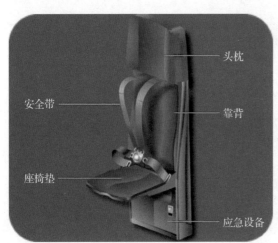 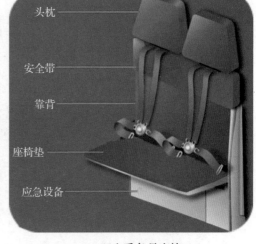

(a) 单人乘务员座椅　　　　　　　　(b) 双人乘务员座椅

图 1-30　乘务员座椅的组成结构

（三）客舱座椅

A320neo 型飞机客舱的座椅布局为 3—3，即过道两侧配备 3 人一组的经济舱旅客座椅，如图 1-31 所示。旅客座椅的组成结构如图 1-32 所示。

① 座椅靠背：可以调节座椅靠背的角度，可向后倾斜至少 15°。

② 座椅头枕：头枕的两端可以根据旅客休息需求，调节任意角度，如图 1-33 左图所示。

③ 座椅扶手：旅客座位之间均配有座椅扶手，座椅扶手可以向上翻起或拆卸，如图 1-33 右图所示。

④ 小桌板：每个座椅背后配有一个小桌板，供旅客用餐时使用。经济舱第一排的小桌板位于座椅扶手内。小桌板如图 1-34 所示。

⑤ 座椅垫：在水上撤离时，座椅垫可做漂浮物使用，如图 1-35 所示。

⑥ 座椅靠背调节按钮：座椅扶手上配有座椅靠背调节按钮，按下按钮，同时将座椅靠背向后靠，可以调节座椅靠背的角度；再次按压按钮，可使座椅靠背复位。需要注意，应急出口处座椅的靠背不可调节，这是为了便于紧急情况下快速撤离。座椅靠背调节按钮如图 1-36 所示。

⑦ 行李挡杆：在经济舱座椅下方备有行李挡杆，乘客放置行李时，可防止行李移动，起到固定作用。

图 1-31　客舱座椅的布局

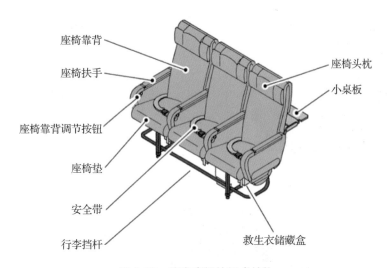

座椅靠背

座椅扶手

座椅靠背调节按钮

座椅垫

安全带

行李挡杆

座椅头枕

小桌板

救生衣储藏盒

图 1-32　旅客座椅的组成结构

头枕角度
可以任意调节

座椅扶手
可向上提起

图 1-33　座椅头枕与扶手

23

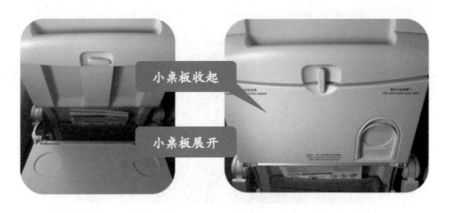

图 1-34　小桌板

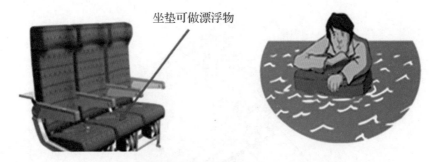

坐垫可做漂浮物

图 1-35　座椅垫

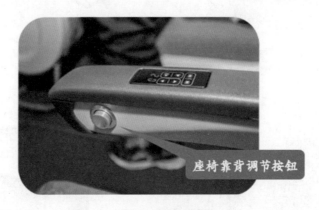

座椅靠背调节按钮

图 1-36　座椅靠背调节按钮

⑧救生衣储藏盒：每位乘客座椅下方救生衣储藏盒内，配有一件救生衣，用于水上撤离时使用。

此外，每个旅客座椅下方还配备了高功率 USB 充电口及三叉电源插口，如图 1-37所示。

图 1-37　电源插口

三、机上安全带

安全带是安装在客舱座椅上的一套安全设备。在飞机滑行、起飞、颠簸、着陆的过程中以及"系好安全带"灯亮时，所有人员都需要系好安全带。

A320 系列飞机上配有机组座椅安全带、乘务员座椅安全带、旅客座椅安全带以及加长安全带和婴儿安全带（其中加长安全带和婴儿安全带通常存放在客舱储物柜中），如图 1-38 所示。

(a) 机组座椅五点式安全带　　(b) 乘务员座椅两点式安全带　　(c) 乘务员座椅四点式安全带

(d) 旅客座椅安全带　　(e) 婴儿安全带　　(f) 加长安全带

图 1-38　机上安全带种类

（一）旅客座椅安全带的使用方法

① 系好安全带。在系安全带前，确保安全带无拧转。一手持锁扣，一手持锁片，将锁片插入锁扣中锁定，轻拉安全带，调整至合适长度，如图1-39所示。

② 解开安全带。一手提起安全带锁扣，解锁安全带，另一只手将锁片从锁扣中抽出。

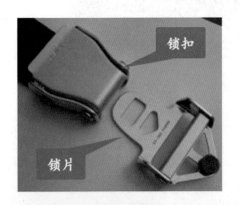

图 1-39　安全带的使用方法

（二）乘务员座椅安全带的使用方法

乘务员座椅安全带分为两点式安全带和四点式安全带两种，使用方法相同。将安全带绕过肩膀后，把安全带锁片插进圆形锁扣中，调整安全带至合适长度；解开安全带只需旋转圆形锁扣即可解锁，如图1-40所示。

四、客舱舷窗与遮光板

客舱舷窗用于观察机舱外部。舷窗由3层玻璃和遮光板组成。机内层为有机玻璃，防止碰撞；外面两层为抗压玻璃，其中中间层抗压玻璃上有一个细小的通气孔；机外层与中间层玻璃有时会有裂纹，需要立即报告驾驶舱。

遮光板供旅客休息时遮挡炫目的阳光，展开遮光板需向下拉动，收起遮光板需向上拉动，遮光板可以停留在任意高度。当遇有紧急情况时，必须收起遮光板，以便于判断飞机外部状况。客舱舷窗与遮光板如图1-41所示。

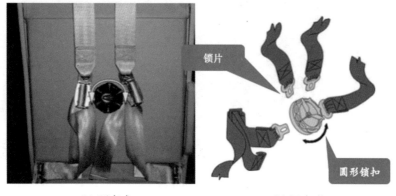

(a) 两点式　　　　　　(b) 四点式

图 1-40　乘务员安全带

图 1-41　客舱舷窗与遮光板

五、行李箱

　　行李箱位于客舱两侧的旅客座椅头顶上方。通常用于存放应急设备和旅客行李等物品。所有行李箱都配备盖板式可锁闭的箱门，确保在飞行过程中行李箱不会意外开启。

　　根据 CAAC 运输规定，头顶上方行李箱不可放置过大或者过重的物品，每件行李的尺寸大小和重量均有相应的要求；行李箱内不可放置尖锐、坚硬、易泄漏的物品；不可叠放物品；移动物品必须固定；取放完物品后必须随手盖好锁定盖板，不得有物体外露。行李箱如图 1-42 所示。

头顶上方行李箱

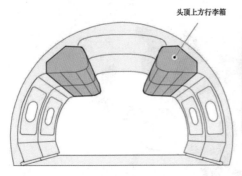

图 1-42　行李箱

六、旅客服务组件

旅客服务组件 (Passenger Service Unit，PSU)，位于客舱顶部行李箱下，提供氧气面罩、阅读灯及其按钮、呼唤乘务员按钮、通风口、扬声器、系好安全带标志灯及禁止吸烟标志灯，如图 1-43 所示。

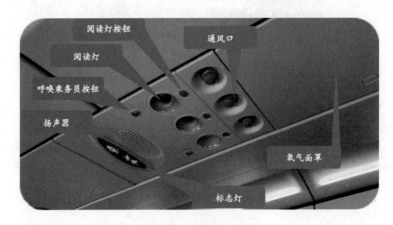

图 1-43　旅客服务组件

七、婴儿摇篮

机上婴儿摇篮可为带婴儿出行的旅客提供婴儿所需的睡眠空间，如图 1-44 所示。

婴儿摇篮在飞机滑行、起飞、颠簸和下降期间不能使用，仅在巡航过程中方可使用。婴儿摇篮最大载重量通常为 11kg。

婴儿摇篮可以通过两个快卸销钉迅速安装在客舱的壁板或者隔板上。使用完应将其折叠并收纳固定。

安装和移除婴儿摇篮的方法如下。

① 安装。第一步，将快卸销钉的弹簧翻盖打开；第二步，按压弹簧翻盖内部的解锁按钮；

第三步，将快卸销钉插入隔板安装孔内；第四步，松开解锁按钮和弹簧翻盖，继续将销钉向安装孔内推；第五步，听到"咔嗒"声后，检查婴儿摇篮是否安装牢固，如图 1-45 所示。

图 1-44　机上婴儿摇篮

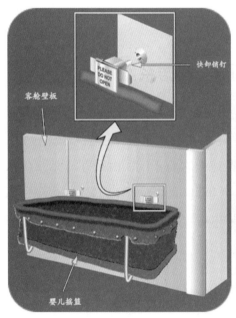
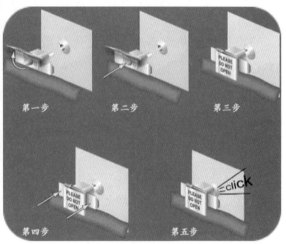

安装婴儿摇篮

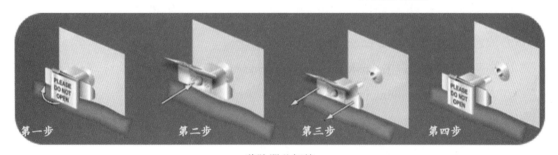

移除婴儿摇篮

图 1-45　婴儿摇篮的安装与移除方法

② 移除。第一步，翻开弹簧翻盖；第二步，按压弹簧翻盖内部的解锁按钮；第三步，将快卸销钉从安装孔中拔出，松开解锁按钮及弹簧翻盖；第四步，将婴儿摇篮移除，如图 1-45 所示。

练习题

1. A320neo 型飞机驾驶舱的座位有几个？

2. A320neo 型飞机乘务员座位有几个？

3. 请说出 A320neo 型飞机经济舱旅客座椅组件的组成结构。

4. 客舱舷窗在什么时候需要打开？

5. 机上婴儿摇篮的最大载重量是多少？

6. 飞机上有几种类型安全带？

7. 请说出 A320 系列飞机乘务员座椅的位置和类型。

第四节　客舱交互通信数据系统

A320 系列飞机配备客舱交互通信数据系统 (Cabin Intercommunication Data System，CIDS)，用于操作、控制和监控主客舱系统。它连接着空调系统、通信系统、火警系统、防冰系统、灯光系统和清污水系统。CIDS 是综合客舱系统，由乘务员面板 (Flight Attendant Panel，FAP)、乘务员指示面板 (Attendant Indication Panels，AIP)、区域呼叫面板 (Area Call Panels，ACP)、附加乘务员面板 (Additional Attendant Panel，AAP) 和内话机 (Handset) 组成，提供以下功能：

① 客舱广播 (passenger address)；

② 地面勤务内话 (service interphone)；

③ 客舱和驾驶舱内话 (cabin and flight crew interphone)；

④ 旅客呼叫 (passenger call)；

⑤ 旅客信息指示牌 (passenger lighted signs)；

⑥ 预录广播和登机音乐 (pre-recorded announcement and boarding music)；

⑦ 客舱照明 (cabin illumination)；

⑧ 阅读灯 (reading lights)；

⑨ 空调 (air conditioning)；

⑩ 饮用水系统指示和勤务预选 (potable water indication and pre-selection)；

⑪ 污水指示 (waste indication)；

⑫ 卫生间烟雾指示 (lavatory smoke indication)；

⑬ 舱门和滑梯压力指示 (doors and escape-slides pressure monitoring)；

⑭ 应急撤离信号 (emergency evacuation signaling)；

⑮ 旅客服务系统 (passenger service system)。

CIDS 位于驾驶舱及客舱各舱门乘务员座席处，如图 1-46 所示。

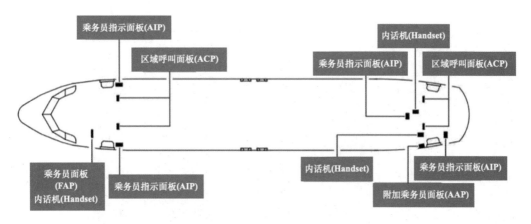

图 1-46　CIDS 的分布

一、乘务员面板

A320neo 型飞机 L1（1 号左侧）门乘务员座椅上方配有乘务员面板 (Flight Attendant Panel，FAP)，该面板由两部分组成，即上方触屏区和下方硬键区，如图 1-47 所示。

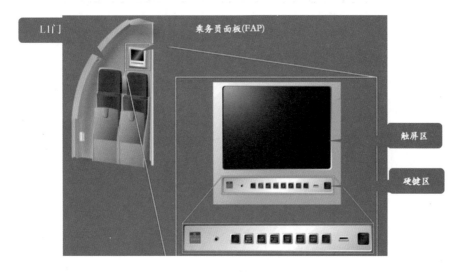

图 1-47　乘务员面板

（一）触屏区介绍

FAP 中的触屏区由标题栏区域、显示区域和系统功能键区域组成，如图 1-48 所示。通过触摸系统功能键区域按钮或者触摸显示区域相应的飞机标志，能够播放音频文件、操作客舱灯光、监控舱门及滑梯状态、调节客舱温度、检查清污水使用状态以及卫生间烟雾报警等功能。

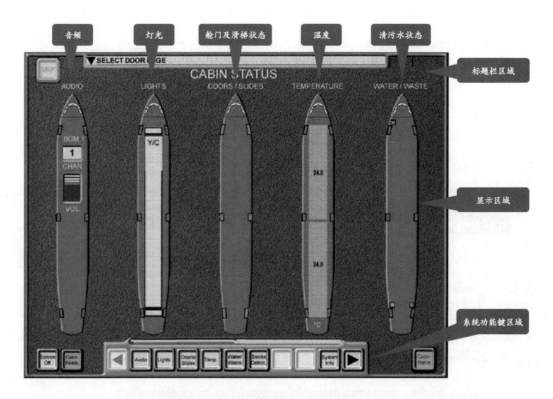

图 1-48　FAP 触摸屏

系统功能键区域按钮包括以下功能，如图 1-49 所示。

① Screen Off：屏幕关闭键。点击"Screen Off"键，触摸屏关闭，起到保护屏幕的作用；需要打开时，再次点击屏幕任意位置即可。

② Cabin Ready：客舱乘务员向驾驶舱机组通知客舱准备就绪，可以起飞或者着陆。当按钮显示为绿色时，表示该功能键已经激活。

③ Audio：音频系统。

④ Lights：灯光系统。

⑤ Doors/Slides：舱门及滑梯预位显示系统。

⑥ Temp：客舱温度控制系统。

⑦ Water/Waste：清水和污水系统。

⑧ Smoke Detect：烟雾探测系统。

⑨ System Info：信息系统，用于检查系统。

⑩ Cabin Status：返回键；回到主菜单，进入客舱主页面。

⑪ 绿色滚动条：显示页面位置，1/2 长度说明主页面有 2 页，在左侧说明在第一页；在右侧说明在第二页。

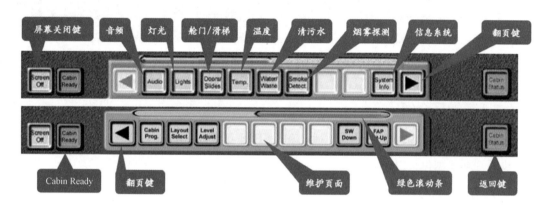

按键状态	按键颜色	功能说明
Cabin Ready	无色	功能不可用
Cabin Ready	灰色	功能可用，但未激活
Cabin Ready	绿色	功能已激活

图 1-49　FAP 系统功能键

触屏区的操作方法如图 1-50 所示。

① 点击屏幕任意位置打开屏幕。

② 输入密码，按 Enter 键进入"Cabin Status"客舱主页面。

③ 触摸并点击需要进入的系统。

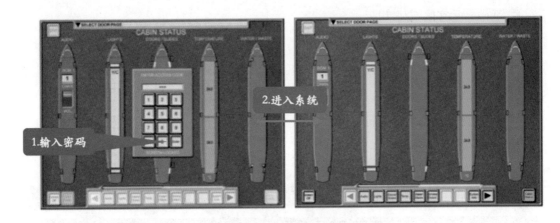

图 1-50　FAP 触摸屏的操作

（二）硬键区介绍

FAP 中的硬键区由功能键、耳机插孔和 USB 插孔组成，如图 1-51 所示。

其中，功能键包含以下几个。

① EMER：启动应急灯光系统。

② LIGHTS MAIN ON/OFF：启动 / 关闭客舱灯光系统。

③ LAV MAINT：在维护卫生间时，将卫生间灯光设置为全亮度。

④ SCREEN 30s LOCK：触屏的睡眠模式周期为 30s。

⑤ EVAC CMD：启动撤离警报系统。

⑥ EVAC RESET：重置撤离警报系统。

⑦ SMOKE RESET：重置厕所烟雾报警系统。

图 1-51　FAP 硬键区

二、乘务员指示面板

乘务员指示面板 (Attendant Indication Panels，AIP) 安装在所有乘务座席侧壁板处，由两行字母、数字显示器和两个显示灯组成。其中，显示器的上排显示通信信息（如内话机

呼叫），下排显示客舱系统和紧急信息（如客舱广播），均为英文显示。显示灯左侧为红灯，紧急呼叫时亮起，若闪亮表示程度加急；右侧为绿灯，正常呼叫时亮起，如图 1-52 所示。

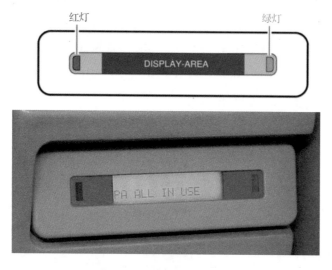

图 1-52　乘务员指示面板

三、区域呼叫面板

区域呼叫面板 (Area Call Panels，ACP) 安装在靠近乘务员座席的客舱通道中间的天花板处。由 4 个单独可控、颜色不同、声音不同的 LED 灯组成，表示来自不同方位和不同人员的呼叫，如图 1-53 所示。

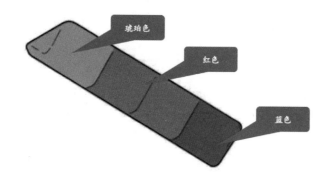

图 1-53　区域呼叫面板

① 蓝色灯亮表示客舱有旅客呼叫。

② 琥珀色灯亮表示厕所呼叫或卫生间烟雾报警。

③ 红色灯亮表示驾驶舱内话呼叫及乘务员之间内话呼叫。

亮起的灯段可持续稳定或闪亮。如果是正常呼叫，则灯亮持续稳定；如果是异常或紧急情况，则会闪亮。需要注意，只有蓝色灯段不会闪亮。

四、附加乘务员面板

A320neo 型飞机 L2 门乘务员座椅上方配备附加乘务员面板 (Additional Attendant Panel，AAP)。客舱系统中以下部分可以由 AAP 操控，如图 1-54 所示。

① 入口区域照明：ENTRY BRT、ENTRY DIM1、ENTRY DIM2。

② 客舱区域照明：CABIN BRT、CABIN DIM1、CABIN DIM2。

③ 撤离警报系统重置：EVAC RESET。

④ 撤离信号指示：EVAC。

⑤ 烟雾警报系统重置：SMOKE RESET。

其中，BRT 表示 100% 亮度，DIM1 表示 50% 亮度，DIM2 表示 10% 亮度。

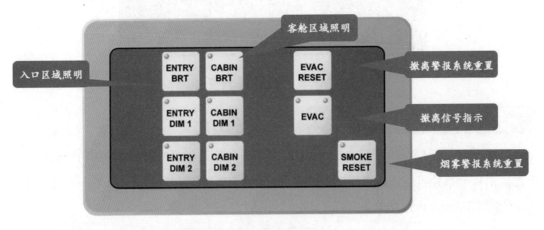

图 1-54 附加乘务员面板

五、内话机

内话机 (Cabin handsets) 安装在乘务员座席处，用于乘务员之间或者乘务员与机组之间的通话或者客舱广播。内话机的操作如下。

（一）取下内话机

按压内话机背部的 PRESS 按钮，从托架上取出内话机。取出后，不要将内话机电话线拉伸大于 2m，过度拉伸会损坏电源线，并会导致内话设备故障，如图 1-55 所示。

（二）复位内话机

轻轻地将内话机推入托架中并卡住。若没有正确复位，内话机有可能从托架中掉落到客舱地板上，导致损坏。

图 1-55 取下内话机的方法

（三）内话机的结构

内话机由四部分组成，包括听筒、话筒、键盘、送话键，如图 1-56 所示。

图 1-56 内话机的结构

（四）内话机的操作

1. 呼叫驾驶舱

① 取下内话机。

② 按 CAPT 键。

③ 等待应答。

④ 通话完毕，复位内话机。

2. 乘务员间呼叫

① 取下内话机。

② 按 AFT 或者 FWD 键。

③ 等待应答。

④ 取下内话机即可接听。

⑤ 通话完毕，复位内话机。

3. 乘务长内话呼叫全体乘务员

① 取下内话机。

② 按 ALL 键。

③ 等待应答。

④ 取下内话机即可接听。

⑤ 通话完毕，复位内话机。

注意事项如下。

● 接听内话时不要按 PTT 键；否则声音会进入客舱广播。

● 通话完毕，先按 RESET 键，再复位内话机。

● 上机后应检查内话机的工作状况。

4. 客舱广播

① 取下内话机。

② 先按 PA＋ALL 键，再按住 PPT 键，对全客舱广播。

③ 先按 PA＋FWD 键，再按住 PPT 键，对前舱广播。

④ 先按 PA＋AFT 键，再按住 PPT 键，对后舱广播。

⑤ 广播完毕，按 RESET 键，复位内话机。

注意事项如下。

● 上机后需要检查广播系统的工作状况。

● 广播时不可吹或拍打麦克风。

● 广播中需停顿时，松开 PTT 键。

● 广播完毕后可先按 RESET 键，再复位内话机，以免有噪声进入客舱。

● 除特殊情况外，不要使用机组全体呼叫；否则会影响驾驶舱工作。

六、旅客呼叫系统

旅客呼叫系统 (Passenger call system) 控制旅客呼唤铃的触发和指示灯。当旅客需要帮助时，可以使用呼唤铃来呼唤乘务员。呼唤铃安装在旅客座椅处和卫生间内。

（一）客舱呼叫

客舱呼叫按钮位于乘客座椅上方 PSU 面板上。当飞机在地面停靠且舱门处于打开状态时，PSU 面板上的呼叫指示灯常亮，此时如有旅客呼叫，按压座位对应的呼叫按钮，呼叫指示灯呈闪亮状态；当飞机舱门处于关闭状态时，PSU 面板上的呼叫指示灯熄灭，此时如有旅客呼叫，按压座位对应的呼叫按钮，呼叫指示灯呈稳定亮起状态，并伴有单高谐音"叮"一声。解除方法之一是再次按压此呼叫按钮即可，如图 1-57 所示。

舱门开启状态时，呼叫指示灯处于常亮状态 舱门关闭状态时，呼叫指示灯处于熄灭状态

图 1-57 呼唤铃状态

（二）卫生间呼叫

卫生间呼叫按钮位于卫生间服务组件上，如图 1-58 所示。

当旅客在卫生间内按压呼叫按钮时，卫生间壁板外侧顶部琥珀色灯亮；ACP（区域呼叫面板）和 AIP（乘务员指示面板）处可听到单高谐音"叮"一声。解除方法之一是再次按此呼叫按钮或者按卫生间外侧壁板顶部琥珀色灯，如图 1-59 所示。

七、旅客信息指示牌

旅客信息指示牌（Passenger lighted signs）是由彩色 LED 灯制成的。旅客信息指示牌包括以下内容。

- 禁止吸烟指示：NO SMOKING (NS)。
- 系好安全带指示：FASTEN SEAT BELT (FSB)。
- 回到座位指示：RETURN TO SEAT (RTS)。
- 出口指示：EXIT。
- 卫生间使用指示：LAVATORY OCCUPIED SIGN。

其中，禁止吸烟和系好安全带指示位于旅客座椅上方的旅客服务组件 (PSU) 内；回到座位指示位于厕所服务组件 (LSU) 中；出口指示位于每个客舱通道在舱门区域的天花板处；

卫生间使用指示位于卫生间外通道的天花板处，如图 1-60 所示。

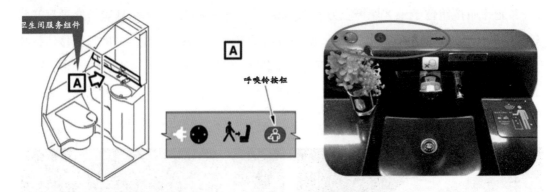

图 1-58　卫生间呼唤铃

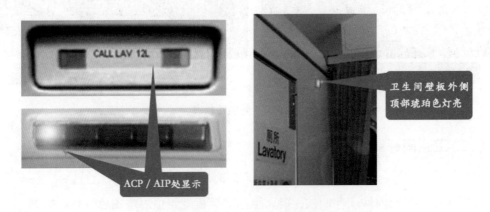

图 1-59　卫生间呼叫外部显示

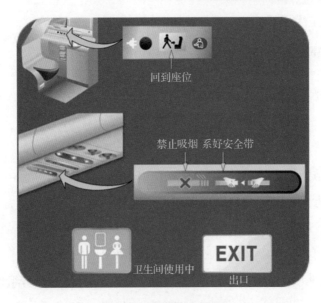

图 1-60　旅客信息指示牌

练习题

1. CIDS 由哪几个部分组成？

2. 简述 FAP 的组成部分。

3. 硬键区域中的 EVAC CMD 代表什么含义？

4. 简述 AIP 的含义和作用。

5. A320 系列飞机内话机位于飞机的哪些区域？

6. 叙述 A320 系列飞机内话机操作客舱广播的步骤。

7. A320 系列飞机区域呼叫面板中，蓝色、红色和琥珀色灯亮分别表示什么含义？

8. 当 A320 系列飞机处于舱门开启状态时，乘务员如何发现客舱有人呼叫？

9. A320 系列飞机的附加乘务员面板在客舱的什么位置？

10. A320 系列飞机乘务长内话呼叫全体乘务员，怎么操作内话机？

11. 旅客信息指示牌包含哪些内容？

第五节　客舱控制面板

在乘务员面板 FAP 中，可以播放音频文件、操作客舱灯光、监控舱门及滑梯状态、调节客舱温度、检查清污水使用状态以及卫生间烟雾报警等功能。本节将详细介绍各项功能的操作方法。

一、音频系统

（一）登机音乐 (BOARDING MUSIC)

1. 操作页面中左侧飞机图形（见图 1-61）

① BMG 1：背景音乐 1。

② "1" CHAN：频道 1。

③ VOL 条形：音量。

2. 操作页面中部小矩形图

① ON/OFF：登机音乐开关。

② VOL：音量，"+"增大，"–"减小。

③ CHAN：频道，"+"上调，"–"下调。

3. 操作方法

① 点击 ON/OFF 按钮，开关键变为绿色。

② 左侧飞机图形显示频道及音量。

③ 根据需要调节频道及音量。

④ 播放完毕后，点击 ON/OFF 按钮，开关键变为灰色。

4. 注意事项

① 登机音乐在旅客上、下机时播放。

② 频道及音量要预先调试好。

③ 音乐应以轻松欢快的旋律为佳。

④ 音量调节应适中，以不影响两人谈话为宜。

（二）预录广播 (PRERECORDED ANNOUNCEMENT)

1. 右侧矩形图（见图 1-61）

① ON ANNOUNCE：正在广播，下方显示编号。

② MEMO：记忆项目编号，下方显示编号。

③ "▲"：向上翻页。

④ Clear Memo：清除记忆编号，只清除所选择的项目编号。

⑤ Clear All：清除全部记忆项目编号。

⑥ "▼"：向下翻页。

⑦ Stop：停止播放。

⑧ Play Next：播放下一个记忆项目。

⑨ Play All：播放所有记忆项目。

⑩ SELECT：选择区。

⑪ "1" ~ "0"：数字号码。

⑫ Clear：清除，清除数字号码。

⑬ Enter：输入，将项目编码输入记忆项目。

2. 操作方法

① 在右侧点击正确的项目编号，如"27"。

② 按 Enter 键，输入至左侧记忆项目 MEMO 中（可输入多个项目编号）。

③ 点击 Play All 按钮全部播放，或点击 Play Next 按钮逐一播放。

④ 播放完毕后，清除所有记忆项目编号。

3. 注意事项

① 目前仅用于紧急情况下的广播。

② 广播项目编号另行通知。

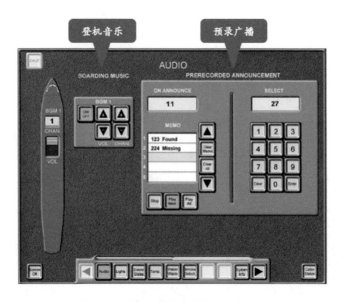

图 1-61　登机音乐与预录广播界面

二、灯光系统

　　A320neo 型飞机采用了全新设计的灯光系统，可以根据不同场景提供不同灯光色彩。如图 1-62 所示，飞机客舱灯光系统包括通用照明、卫生间照明、旅客阅读灯、乘务员工作区域照明、应急照明和旅客指示灯。

图 1-62　客舱灯光效果

（一）通用照明

通用照明系统包含客舱区域照明和舱门入口区域照明。客舱区域照明在客舱过道和舷

窗的天花板处，以及旅客座椅上方行李箱处安装有灯带，每条灯带由一排荧光管组成，它们集成连接在镇流器单元上。机门入口区域照明在相对应的 L/R 舱门之间。

乘务员可以通过 FAP(乘务员面板) 和 AAP(附加乘务员面板) 控制客舱区域照明。在 FAP 灯光系统 (CABIN LIGHTING) 页面，显示客舱区域和入口区域菜单，每个菜单都有 3 个按钮 (BRT、DIM1 和 DIM2) 选项，分别表示 100% 亮度、50% 亮度和 10% 亮度。触碰按钮时，按钮的背景颜色会显示绿色。飞机图形中的黄色矩形表示客舱区域和入口区域的位置和照明强度。当增加或减少相应区域的照明强度时，矩形颜色会改变。在 AAP 中，乘务员可以控制客舱区域和后舱门入口区域位置的照明，如图 1-63 所示。

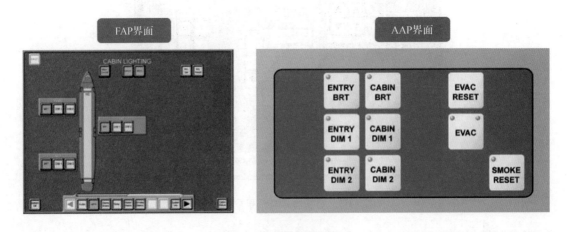

图 1-63　客舱灯光操作

其中，各个按钮的含义如下。

① Main On/Off：总开关，打开时按键显示为绿色，关闭时为灰色。

② Aisle：客舱通道灯 (客舱顶灯) 开关。

③ WDO：客舱窗灯开关。

④ R/L Set：设置开关。

⑤ R/L Reset：重置开关。

⑥ 左侧 FWD/AFT：前 / 后舱门区域入口灯开关，3 个挡位，即 BRT、DIM1、DIM2。

⑦ 右侧 Y/C 键：客舱顶灯及窗灯开关，3 个挡位，即 BRT、DIM1、DIM2。

(二) 卫生间照明

A320 系列飞机每个卫生间都配有照明装置，包含两个位于卫生间门上方带镇流器的荧光管及一组位于卫生间镜两侧的卤素镜灯和辅助灯光，由卫生间照明系统控制，如图 1-64 所示。

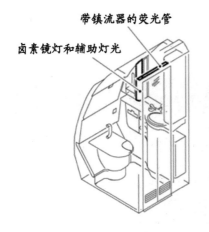

图 1-64　卫生间灯光

卫生间门框上的微型开关监控门的状态是否锁闭 (UNLOCKED/LOCKED)，根据门的开关状态，卫生间照明系统以不同的方式工作，见表 1-2。

表 1-2　卫生间门框上的微型开关状态

当卫生间门未锁闭时	当卫生间门锁闭时
① 荧光管照明强度降低	① 荧光管照明强度最大
② 辅助灯亮	② 辅助灯亮
③ 镜灯关	③ 镜灯亮

（三）旅客阅读灯

旅客阅读灯是高强度的 LED 灯，为旅客提供额外的照明需求，每位旅客可以自己控制自己座位的阅读灯。旅客阅读灯安装在旅客座椅上方的旅客服务组件 (PSU) 上，每个阅读灯有一个对应的阅读灯按钮。按压该按钮可打开阅读灯，再次按压该按钮则关闭阅读灯，如图 1-65 所示。

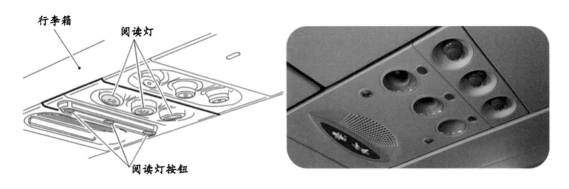

图 1-65　阅读灯

在 FAP 中客舱灯光 (CABIN LIGTHTING) 界面中，通过 R/L Set 或者 R/L Reset 按钮，乘务员可以对任意一名旅客或者所有旅客的阅读灯进行操作，如图 1-66 所示。

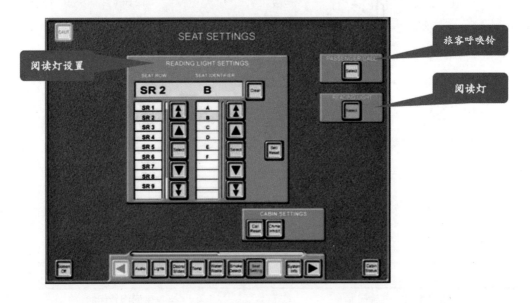

图 1-66　FAP 阅读灯操作界面

（四）乘务员工作区域照明

乘务员工作灯是高强度 LED 灯，为乘务员工作区域提供额外的照明。工作灯安装在乘务员座椅区域、厨房区域和舱门入口区域，包括单灯组件和组合面板。乘务员工作灯可以手动控制，按下相应区域工作灯按钮，对应工作灯亮起，相应按钮亮起。

（五）应急照明

应急照明系统是客舱照明系统的一部分，它集成在客舱交互式通信数据系统 (CIDS) 中。如果飞机标准电源不可用，应急照明系统能够独立于飞机系统运行至少 10min。

① 出口标识 (Exit signs)。包括出口方向标识 (Exit location sign) 和出口位置标识 (Exit marking sign)。出口方向标识安装在靠近舱门处过道位置的头顶上方，用于标明出口的方向；出口位置标识安装在各舱门及应急出口上方，用于标识该出口为应急出口位置，如图 1-67 所示。

② 客舱应急灯光 (Cabin emergency lights)。包括门区应急灯光 (Emergency lights at the doors) 和客舱应急灯光 (Cabin emergency lights)，如图 1-68 所示。

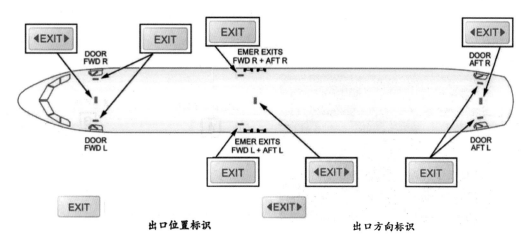

图 1-67 出口标识

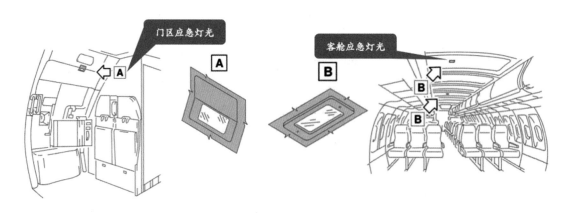

图 1-68 客舱应急灯光

③ 应急逃离路径标识 (Emergency Escape Path Marking System，EEPMS)。包括过道荧光条和出口标识，如图 1-69 所示。

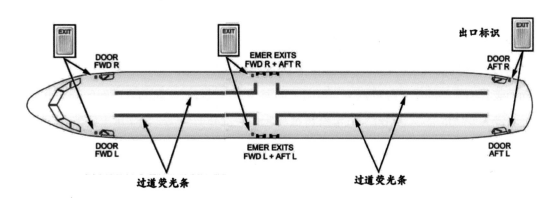

图 1-69 应急逃离路径标识

④ 翼上应急灯光 (Over wing emergency lights)。包含应急出口手柄灯和翼上照明灯。当应急出口门手柄盖板开启时，手柄灯和翼上照明灯将亮起，如图 1-70 所示。

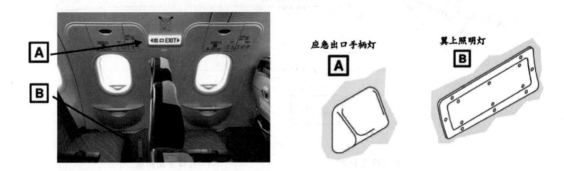

图 1-70　翼上应急灯光

⑤ 撤离滑梯应急灯 (Escape slide emergency lights)。撤离滑梯应急灯仅在客舱门或应急出口在预位状态下开启，且释放撤离滑梯之后亮起。

综合来说，应急照明系统具有不同的功能。在常规模式下，应急照明系统指示撤离飞机的路线；在应急模式下，应急照明系统将为客舱提供应急照明；在有烟情况下，指示逃离飞机的路线；同时为飞机翼上逃生路线和撤离滑梯提供应急照明。

三、舱门及滑梯预位显示系统

从 FAP(乘务员面板) 中进入舱门及滑梯预位显示系统界面，如图 1-71 所示，在显示区域中的飞机图形时，舱门颜色不同，表示舱门当前所处状态不同。

● 黄色：客舱门已正确关闭，滑梯处于解除预位状态。

● 绿色：客舱门已正确关闭，滑梯处于预位状态。

● 红色：客舱门处于打开或未关好状态。

四、空调系统

飞机发动机或者飞机辅助动力装置 (APU) 可以为飞机提供清新的空气。发动机或辅助动力装置所提供的空气经过调压、控温、调湿后，可以保证客舱的舒适度。一部分循环空气将进入空调混合器与新鲜空气混合再循环，另一部分循环空气则被排出机外。

(一) 驾驶舱空调系统

驾驶舱是由安装在驾驶舱下的空调混合器提供空气，循环后的空气由驾驶舱底部隔栅排出驾驶舱。

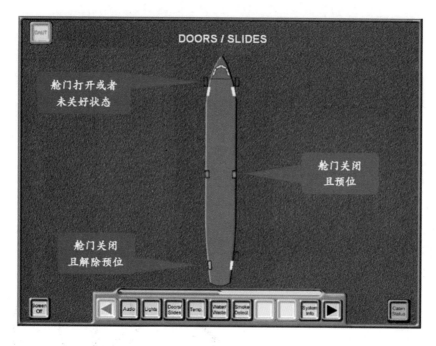

图 1-71　FAP 舱门及滑梯预位显示界面

（二）客舱空调系统

飞机客舱由安装在客舱下方的空调混合器提供空气。客舱空气被分配到不同的客舱空调出口以及旅客头顶独立空调出风口。为了实现客舱温度分区控制，客舱空调控制系统将客舱分成前、后两个区域，称为区域 1(Area 1 (FWD)) 和区域 2(Area 2 (AFT))。再循环空气将通过客舱地板边的隔栅排出客舱。

位于旅客座椅头顶上方行李箱下部的旅客服务组件，为旅客提供独立的空调出风口。每个独立空调出风口可以单独调节出风方向和出风量，如图 1-72 所示。

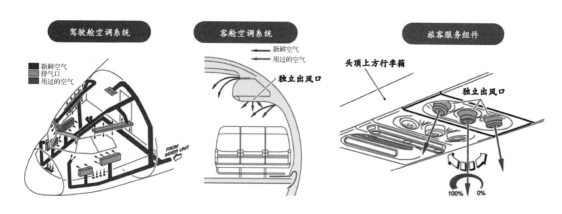

图 1-72　驾驶舱及客舱空调系统

（三）厨房空调系统

A320 系列飞机的部分厨房中，在厨房上部有空调出风口。这些空调出风口也属于客舱空调分配系统的一部分。这些空调出风口可以调节出风方向和出风量。通过厨房中的空气出口，厨房中的再循环空气将被最终完全排出机外，如图 1-73 所示。

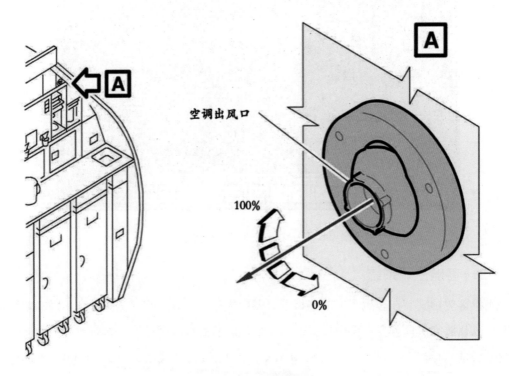

图 1-73　厨房通风口

（四）卫生间空调系统

客舱空气将通过卫生间门板隔栅和卫生间服务组件上的出风口流入卫生间。卫生间服务组件上的出风口可以调节出风量和出风方向。通过卫生间顶面上的空气出口隔栅，卫生间再循环空气将被完全排出机外。在卫生间天花板空气出口隔栅背后有烟雾探测器，用于探测卫生间烟雾。当卫生间烟雾探测器报警时，有视觉和声响警告。卫生间通风口如图 1-74 所示。

（五）温度控制

1. 驾驶舱

在驾驶舱顶部面板上有温度选择器，可以控制驾驶舱温度和客舱温度。驾驶舱温度和客舱区域 1、客舱区域 2 温度可以分别在 18 ℃（64 ℉）至 30 ℃（86 ℉）之间任意调节。选

择器旋钮 12 点钟方向为 24 ℃ (75 ℉)，如图 1-75 所示。

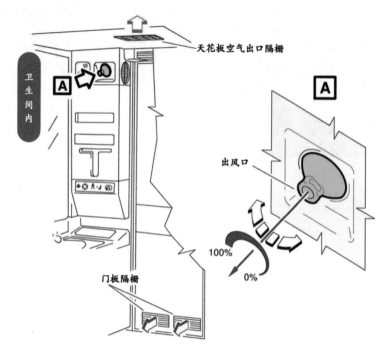

图 1-74　卫生间通风口

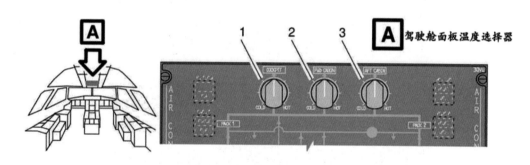

图 1-75　驾驶舱温度控制面板

1—驾驶舱温度选择器；2—客舱前舱温度选择器；3—客舱后舱温度选择器

2. 客舱

进入 FAP(乘务员面板) 中的 TEMPERATURE(温度) 界面，可进行客舱温度调节功能操作。通过触摸系统功能键区域中 Temp 按钮或者显示区域中 TEMPERATURE 下的飞机图形，进入温度界面，如图 1-76 所示。

(1) 温度界面介绍。

① 界面中左侧图形中的温度计 "23.0 ℃" 为客舱实际温度。

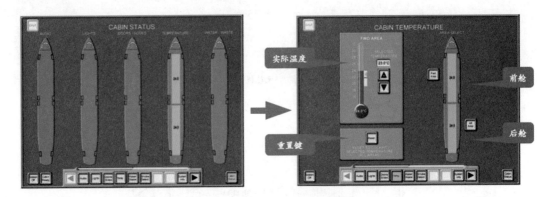

图 1-76　FAP 的温度操作界面

② 下方为 Reset(重置) 键，返回驾驶舱设定的温度 (全区域)(Reset)。

③ 界面中右侧飞机图形为区域选择 (AREA SELECT)。

④ Fwd Area：前部区域 (客舱前半部分) 选择键。

⑤ Aft Area：后部区域 (客舱后半部分) 选择键。

(2) 温度调节操作。以前部区域 Fwd Area 为例，如图 1-77 所示。

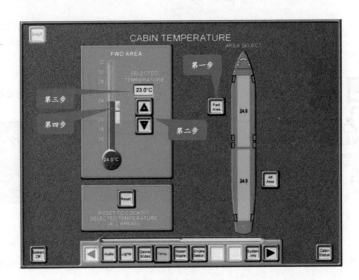

图 1-77　FAP 温度调节操作步骤

① 点击 Fwd Area 按钮，按键变为绿色，左侧显示调节界面。

② 点击 "+" 或 "–" 按钮，可提高或降低温度，每单击一次，温度提高或降低 0.5 ℃。

③ SELECTED TEMPERATURE 为目标温度。

④ 温度计右侧绿色箭头指示目标温度。

(3) FAP 不可用。

当 FAP 上显示 "无可用温度数据" "无可用客舱选择" 和 "无可用客舱温度" 时，

客舱温度只能通过驾驶舱顶部面板上的温度选择器 (CABIN FWD/AFT) 来控制，如图 1-78 所示。

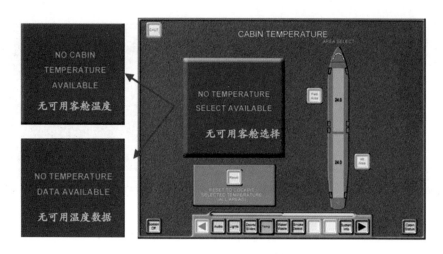

图 1-78　FAP 的温度操作故障界面

五、清水和污水系统

清水系统 (Water system) 功能是从飞机水箱供应水至厨房和卫生间；污水系统 (Waste system) 功能是把卫生间马桶的污水排到污水箱以及通过加热的排水桅杆将卫生间洗手盆和厨房水池的废水排出，如图 1-79 所示。

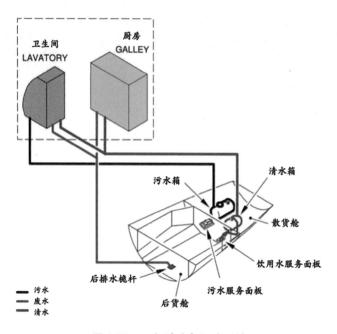

图 1-79　飞机清水与污水系统

在 FAP 中的清污水界面内，污水量 (WASTE QUANTITY) 在起飞前应在"0"位；清水量 (WATER QUANTITY) 在起飞前应在"100%"位，如图 1-80 所示。

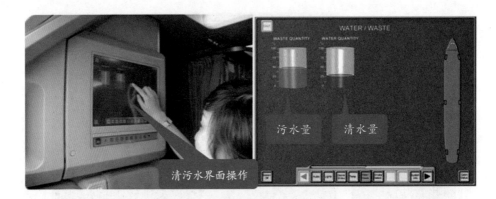

图 1-80　FAP 的清水与污水界面

六、系统发生故障信息显示界面

屏幕左上角 CATU 信息提示灯，如果出现 CATU 键闪动，说明系统出现故障，按屏幕下方的"System Info"键，检查信息来源，查找故障，通知机务人员进行维修，如图 1-81 所示。

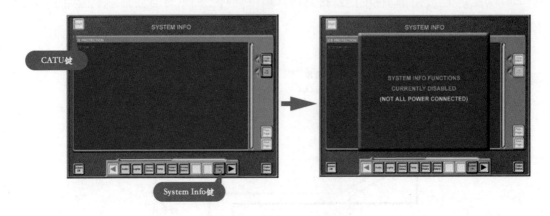

图 1-81　FAP 系统故障界面

练习题

1. FAP 中可以操作哪些功能？

2. 播放登机音乐的注意事项有哪些？

3. A320 系列飞机客舱灯光系统包含哪些灯？

4. 入口区域灯光按钮中的 BRT、DIM1 和 DIM2 分别代表什么亮度？

5. 音频系统中的 PRERECORDED ANNOUNCEMENT 表示什么含义？

6. 简述客舱应急照明的组成部分。

7. FAP 中的舱门及滑梯预位显示系统界面，当舱门分别显示红色、绿色和黄色时，分别代表舱门处于什么状态？

8. 在 FAP 的清水和污水系统显示界面中，如何做航前检查？

9. 客舱温度调节范围是多少？

第六节 卫 生 间

不同的航空公司在选购空中客车 A320 系列飞机时，由于选型不同，机上卫生间的位置分布以及数量会略有区别，但总体来说，没有太大差别。

一、卫生间的分布

以最新 A320neo 型飞机为例，配备 3 个卫生间，分别位于客舱前部和后部，还有一个可供残障人士使用的卫生间，如图 1-82 所示。

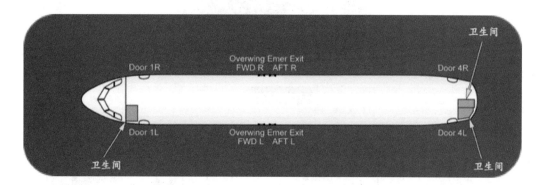

图 1-82　卫生间的分布

二、卫生间门

A320 系列飞机的卫生间门有两种类型，即单扇门和双折叠门。其中，单扇门是向卫生间外面打开，双折叠门是向卫生间里面打开。卫生间门上包含衣帽钩、烟灰缸、门锁和门锁指示标志，如图 1-83 所示。

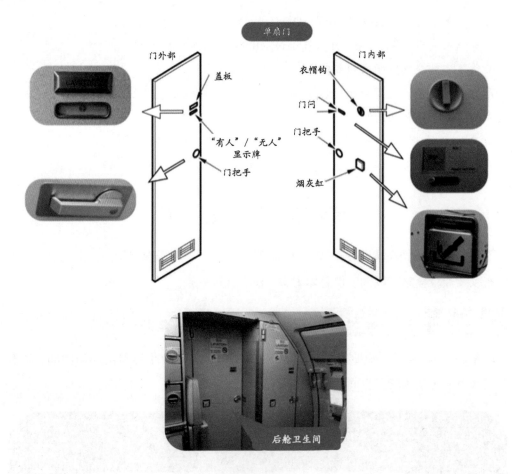

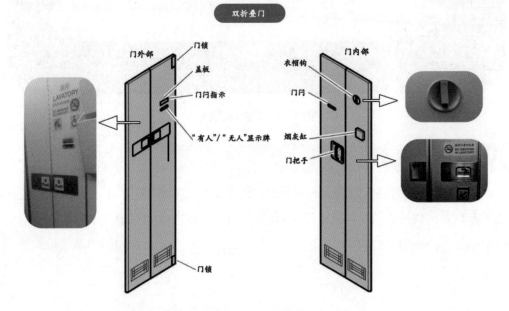

图 1-83　卫生间门

三、卫生间门闩

（一）常规操作

从卫生间门外观察门锁指示牌，如果显示"OCCUPIED"，表示卫生间内有人，门是锁闭的；如果显示"VACANT"，表示卫生间内无人，门是可以打开的。

从卫生间内把门锁闭，将门闩向左滑动至"锁"符号处；从卫生间内把门打开，将门闩向右滑动，如图 1-84 所示。

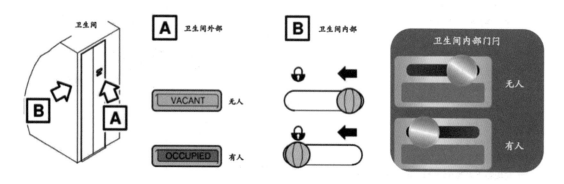

图 1-84　卫生间门闩

（二）应急解锁

若卫生间门已在里面锁住，想从外部把门解锁打开（见图 1-85)，具体操作方法如下。

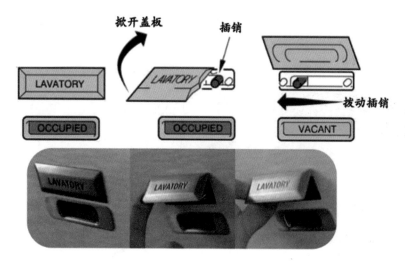

图 1-85　卫生间门闩外部应急解锁

① 抬起"OCCUPIED"指示牌上方标有"LAVATORY"的盖板。

② 将盖板下的插销从右向左滑动，直至指示牌显示由红色"OCCUPIED"变成绿色

"VACANT"。

四、卫生间的内部设备

每个卫生间内部都含有以下设备，如图 1-86 所示。

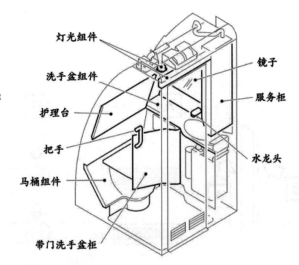

- ☑ 马桶组件 toilet unit
- ☑ 洗手盆组件 wash basin unit
- ☑ 卫生间服务组件 lavatory service cabinet
- ☑ 灯光组件 light units
- ☑ 带门洗手盆柜 access door wash basin cabinet
- ☑ 垃圾箱及闭合箱盖
- ☑ 护理台 nursing table
- ☑ 卷纸架 paper roll holder
- ☑ 镜子 mirror
- ☑ 烟灰缸 ashtray
- ☑ 衣帽钩 coat hook
- ☑ 把手 hand grip
- ☑ 烟雾探测器 smoke detector
- ☑ 垃圾箱灭火器 wash-bin fire extinguisher

图 1-86　卫生间的内部设备

（一）马桶组件

A320 系列飞机马桶组件包含负压式马桶、马桶盖、马桶坐垫、冲水按钮和关闭水阀开关。按下 PUSH 键，马桶自动冲水，如图 1-87 所示。

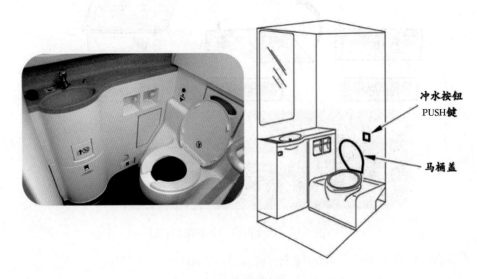

图 1-87　马桶组件

需要注意的是，不能将纸巾、毛巾、清洁袋等物品投入马桶内，以避免堵塞马桶。另外在冲水时，需要盖上马桶盖。

（二）洗手盆组件

A320 系列飞机洗手盆组件包含洗手盆、水龙头、水关断阀门等。

其中，水龙头有 3 种样式，如图 1-88 所示，分为有温度选择的旋钮或者按钮两种形式，蓝色为冷水，红色为热水。卫生间中的洗手水来自飞机的水箱，其中，热水由安装在洗手盆下方加热器提供，可将冷水加热至 40 ～ 50℃，如图 1-89 所示。

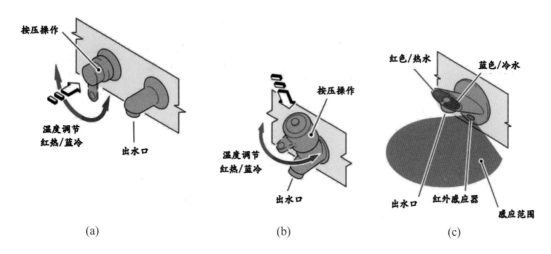

图 1-88　卫生间水龙头的类型

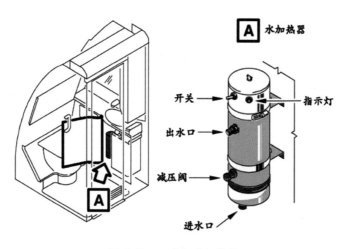

图 1-89　卫生间水加热器

（三）卫生间服务组件

A320 系列飞机所有卫生间都配备卫生间服务组件 (Lavatory Service Unit，LSU)。LSU

安装在卫生间内镜子下方或者靠近卫生间门的侧边。组件包含"回到座位"信息指示牌、呼唤铃按钮和剃须插座，如图 1-90 所示。

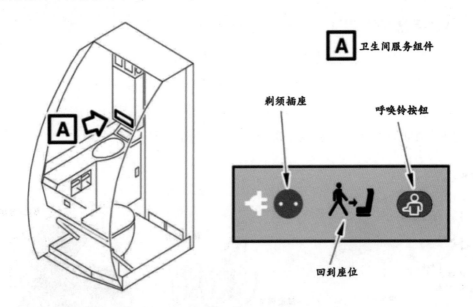

图 1-90　卫生间服务组件

需要注意的是，当系好安全带 (Fasten seat belts) 指示灯亮时，回到座位 (Return to seat) 指示灯会亮起；剃须插座提供 115V 和 60Hz 电源。

（四）灯光组件

卫生间闭锁 / 未闭锁各灯状态见表 1-3。

表 1-3　卫生间门开与关时各灯状态

当卫生间门未锁闭时	当卫生间门锁闭时
① 荧光管照明强度降低	① 荧光管照明强度最大
② 辅助灯亮	② 辅助灯亮
③ 镜灯关	③ 镜灯亮

（五）烟雾探测器

A320 系列飞机每个卫生间的天花板里都安装有烟雾探测器，用于探测卫生间内的烟雾和火灾。禁止在烟雾探测器周围使用任何喷雾，以免造成烟雾报警，如图 1-91 所示。

若烟雾探测器探测到卫生间有烟雾时，乘务员会获得视觉和听觉上的警告。

① 在乘务员面板 (FAP) 和相应附加乘务员面板 (AAP) 上，烟雾警告指示灯亮起。

② 在相应区域呼叫面板 (ACP) 上，琥珀色灯闪亮。

③ 在相应卫生间门外壁板上，琥珀色灯闪亮。

④ 客舱扬声器会响起预先设定好的警告声，如每隔 30s 发出 3 声声响。

⑤ 在所有 AIP 上，红色灯亮起，显示屏上显示 SMOKE LAV X，如图 1-92 所示。

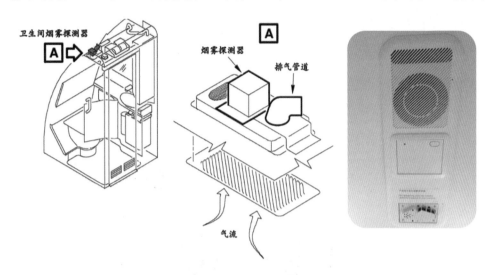

图 1-91　卫生间烟雾探测器

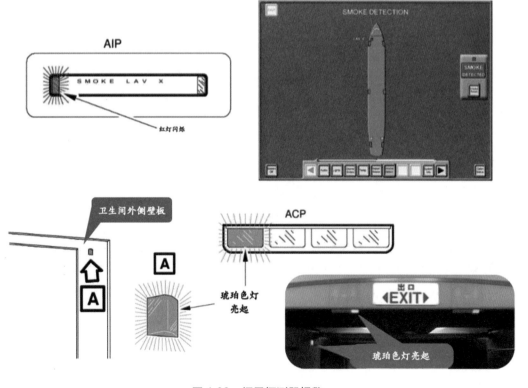

图 1-92　烟雾探测器报警

解除视听警告：按压乘务员面板 (FAP) 或相应乘务员辅助面板 (AAP) 上的烟雾重置键 (SMOKE RESET)，可解除相应区域呼叫面板 (ACP)、乘务员指示面板 (AIP) 以及相应卫生间门外壁板上的视听警告。若烟雾探测器仍能探测到烟雾，则 FAP 和 AAP 上的烟雾警告指示灯仍然保持亮起；若烟雾探测器不再探测到烟雾，所有视听警告自动解除。

（六）垃圾箱灭火器

A320 系列飞机每个卫生间都配备一个垃圾箱灭火器 (Waste bin fire extinguisher)，安装在垃圾箱的正上方。灭火器包含带有固定托架的灭火器球形瓶体、带有热熔塞的灭火剂释放管、灭火剂压力指示器和标识标签，如图 1-93 所示。

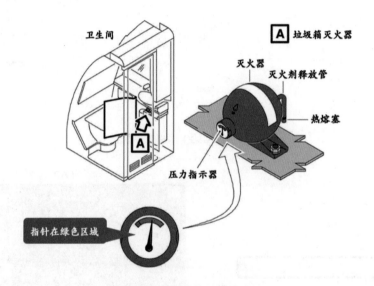

图 1-93　卫生间垃圾箱灭火器

当垃圾箱遇火时，灭火器将自动运行。垃圾箱中的温度升高到大约 79℃ (174.2 ℉) 时，安装在释放管末端的热熔塞熔化，使灭火剂流入垃圾箱。

需要注意，灭火器压力指示器上的指示灯必须显示在绿色区域，以确保在发生火灾时安全工作。

五、卫生间的服务用品

A320 系列飞机卫生间配有方便旅客使用的各种服务用品，包含卫生用品和化妆用品两类。

卫生用品有擦手纸、卷纸、洗手液、马桶垫纸等。卫生用品存放盒内还有呕吐袋、卫生巾、消毒纸巾、一次性手套等。

化妆用品有润肤水、润肤露、香水等。部分头等舱卫生间还配有木梳、化妆棉、面霜等用品，如图 1-94 所示。

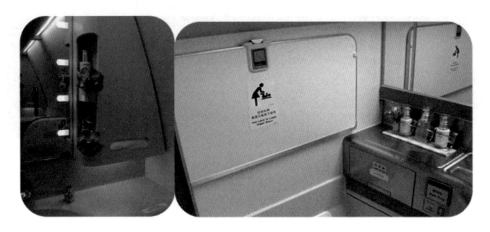

图 1-94　卫生间的服务用品

练习题

1. A320 系列飞机通常会配备几个卫生间？卫生间位置如何分布？：

2. A320 系列飞机的卫生间门有几种类型？

3. A320 系列飞机卫生间门闩上显示"OCCUPIED"和"VACANT"时各分别代表什么含义？

4. 请说出不少于 7 种的卫生间内部设备。

5. 当卫生间烟雾探测器探测到烟雾时，客舱乘务员会获得哪些警告？

6. 如何解除烟雾探测器的视听警告？

7. 垃圾箱内温度达到多少时，垃圾箱灭火器自动运行？

8. 如何应急解锁卫生间门锁？

9. 使用马桶时的注意事项有哪些？

10. 卫生间服务组件包含哪些内容？

第七节　厨　　房

从技术层面上讲，飞机的厨房分为两种类型，即湿厨房和干厨房。湿厨房用于存储和准备食物及饮品，厨房里配有电力系统和水系统等；干厨房仅用于存储食物和饮品。

A320 系列飞机上配备两个厨房，以 A320neo 型飞机为例，分别位于客舱前部和后部，如图 1-95 所示。

厨房内配有餐饮服务所需的各项设施，包括配电板、咖啡器、煮水器、烧水杯、烤箱、冷风机、餐车、备份箱、储物柜、水系统和垃圾箱等。

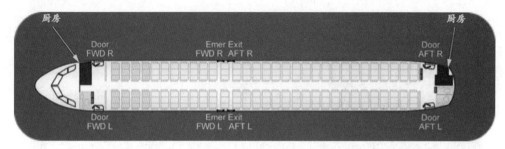

图 1-95　厨房分布

一、配电板

每个厨房里配备一块配电板，配电板上通常会包含断路器、肘节式工作灯开关和指示灯，有的配电板还会有插座和内锁等，如图 1-96 所示。

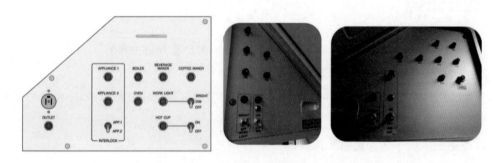

图 1-96　厨房配电板

（一）断路器

当断路器跳闸时，说明电路过载。冷却 3min 后再按重置开关，重置前通知驾驶舱。断路器只允许重置一次，不要一直按压断路器；否则会引起火灾。

（二）工作灯

厨房工作灯亮度有 3 个挡位，分别是明亮、暗亮和关闭，通过肘节式工作灯开关控制。

二、咖啡器

（一）咖啡器的介绍

目前 A320 系列飞机上有两种咖啡器，如图 1-97 所示。

（二）咖啡器的组成结构

两种咖啡器的组成结构如图 1-98 所示。

图 1-97　厨房咖啡器的种类

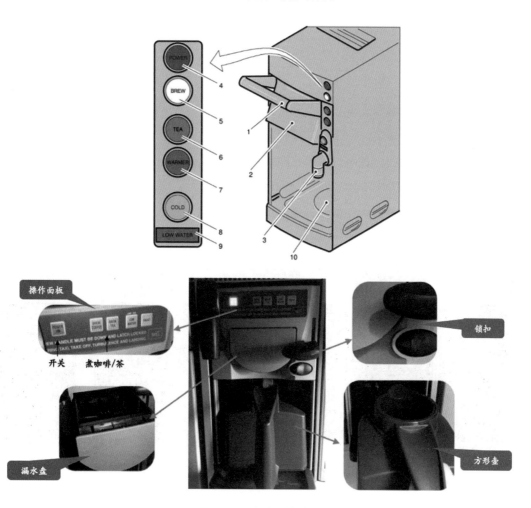

图 1-98　咖啡器的结构

1—冲泡手柄；2—总泡Ⅲ；3—出水口；4—电源按钮；5—咖啡冲泡按钮；6—茶冲泡按钮（可选功能）；
7—保温按钮（可选功能）；8—冷水按钮（可选功能）；9—水量低指示灯（可选功能）；10—服务盘

（三）操作方法

1. 第一种咖啡器操作方法

① 按电源按钮，启动水箱内的加热器。

② 取出冲泡皿。

③ 在冲泡皿金属底座上放一包咖啡。

④ 将冲泡皿放回原位。

⑤ 在服务盘上放入一个咖啡壶（杯）。

⑥ 向下按压冲泡手柄，直至冲泡皿和咖啡壶（杯）被完全锁住。

2. 第二种咖啡器的使用方法

① 按电源按钮，启动水箱内的加热器。

② 向上移动锁杆，取出漏水盘。

③ 在漏水盘金属底座上放一包咖啡。

④ 将漏水盘放回原位，向下移动锁杆。

⑤ 按压方形壶锁扣，指示灯为绿色即锁好。

⑥ 按操作面板上煮咖啡键 (BREW COFFEE)。

⑦ 煮好后，解锁主锁杆和锁扣，可以拉出咖啡壶。

⑧ 不用时，锁好锁扣，固定好咖啡壶，如图1-99所示。

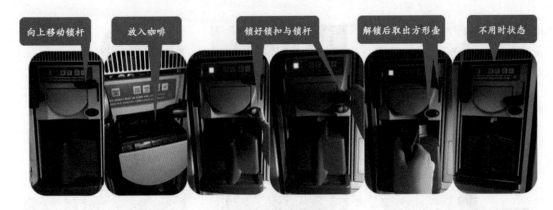

图 1-99　咖啡器操作流程

（四）注意事项

飞行中的沸水水温通常为80℃左右。当出现故障警告时，立即关闭电源，检查水阀、水量和水压是否正常。在沸水滴注时，若取出盛水杯，应先关闭电源。起飞和着陆时咖啡器必须断电且将盛水杯倒空并固定。

三、煮水器

飞机厨房内配有煮水器，可将冷水加热到 80℃。A320 系列飞机有两种样式的煮水器，使用方法相同。

（一）煮水器介绍

煮水器包含以下部件，如图 1-100 所示。

① 电源开关：肘节式开关或者按键式开关。

② 电源指示灯：橘红色。

③ 水龙头：出水口有过滤网，A320neo 型飞机水龙头改为防烫伤材料。

④ 工作灯：橘红色。

⑤ 无水（低水）指示灯：红色。

⑥ 故障键：橘红色。

⑦ 放水阀：冬季飞机在地面过夜停留时，要把水箱内水放尽，防止水箱冻裂。

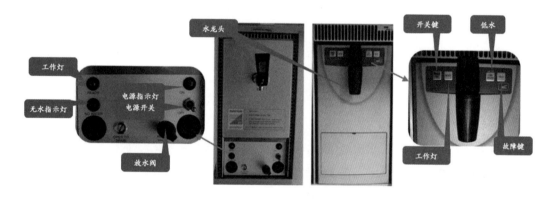

图 1-100　煮水器的结构

（二）使用方法

打开电源开关，电源指示灯（电源按键）和工作灯（REDAY）亮起。先检查水箱内是否有水，若水箱无水，无水（低水）指示灯亮起。当工作灯熄灭时，表示煮水过程完成，可以接热水使用。

（三）注意事项

飞行中的沸水水温通常为 80℃左右；连续接水时要注意煮水器工作灯，工作灯亮起表示水温降低；起飞和着陆时烧水器必须断电；严禁水箱无水空烧。

四、烧水杯

飞机上的烧水杯可以将煮水器内热水加热到100℃。

（一）烧水杯的介绍

烧水杯包含双卡锁锁扣、插座、肘节式开关以及带盖烧水杯，如图1-101所示。

图1-101　烧水杯的组成结构

（二）操作方法

在水杯内加入至多4/5的水，将水杯插在插座上，锁好双锁扣，开启开关；水烧开后，关闭电源。

（三）注意事项

只有烧水杯内有水时才能接通电源，禁止干烧。起飞和着陆时烧水杯必须断电且将烧水杯内的水倒空并固定烧水杯。

五、烤箱

（一）烤箱介绍

A320系列飞机烤箱分为非蒸汽烤箱和蒸汽烤箱两种。区别在于是否连接供水管，如图1-102所示。

（二）操作方法

1. 非蒸汽烤箱操作

① 打开电源开关"ON/OFF"，中温"MEDIUM"指示灯亮，两个显示屏HEATING TIME和SERVING TIME显示"0 0"。

蒸汽烤箱　　　　　　　　　　　　　非蒸汽烤箱

图 1-102　烤箱的种类

② 按温度键 TEMP 设定温度。

③ 沿顺时针方向旋转时间旋钮，两个显示屏开始变化，直至所需加热时间。

④ 按"设置"按钮 SET，指示灯亮。

⑤ 按"开始"按钮 START，加热圈开始加热，风扇开始运转。

⑥ 当时间倒计时至 0 时，烤箱会发出"嘀嘀"声，所有指示灯亮起，显示屏闪烁，风扇停止运转，加热圈停止加热。

⑦ 如果预设时间，设定加热时间后不按开始键，继续沿顺时针方向旋转时间旋钮，预设时间"SERVING TIME"显示屏显示所需等待时间；预设时间应大于加热时间，最多 99min，如图 1-103 所示。

2. 蒸汽烤箱操作

以 A320neo 型飞机蒸汽烤箱为例进行介绍。

① 在烘烤餐食之前，首先确保烤箱门正确关好。

② 按 POWER ON 键打开烤箱电源。

③ 屏幕上首先出现烤箱软件版本号，1s 之后跳转到模式设定界面。

④ 按下时间设置键和温度设置键，进行相应时间和温度的设置，时间范围是 1 ~ 60min，温度设定：LOW 为 130℃、MEDIUM 为 150℃、HIGH 为 170℃。

⑤ 按烤箱模式键，进行模式选择，STEAM 为蒸汽，CONV 为非蒸汽。

⑥ 按开始/暂停键，开始烘烤。

⑦ 烘烤结束，可听到"哔"的提示音，屏幕上显示"SERVE"。

如果1min后没有打开烤箱门，烤箱会转换到保温模式"Hold Mode"，如图1-104所示。

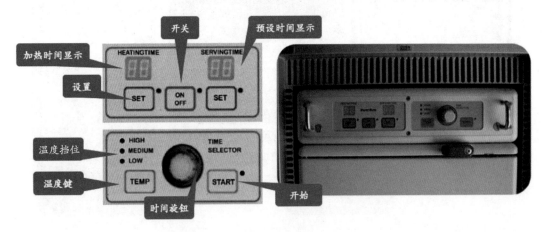

图 1-103　非蒸汽烤箱的操作说明

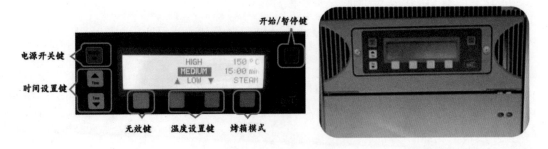

图 1-104　蒸汽烤箱的操作说明

（三）注意事项

飞机上的烤箱只可用于加热食物，禁止加热其他物品。加热前确保烤箱内无任何纸片、纸制品及干冰；为防止起火，严禁在烤箱内存放任何服务用具、报纸等可燃物；起飞和着陆时烤箱必须断电。

六、冷风机

（一）冷风机介绍

冷风机用于冷藏机上食物和饮料，通常冷风温度在5℃左右。冷风机的开关在厨房配电板上，工作指示灯为琥珀色，超温指示灯为红色。当冷风机工作时间过长、温度过高时，超温指示灯亮起，自动切断电源，等冷风机降温后，重新启动即可。

（二）注意事项

冷风机用于冷藏保存各类乳制品、饮品、酒类及食物。但禁止将食物与各种试剂、疫苗或者其他生物化学类制剂、制成品一起冷藏存放。起飞和着陆时冷风机必须断电。

七、餐车

（一）餐车介绍

飞机上的餐车是带有制动装置的、可移动的、用于存储和传递厨房各类食品、饮料、用具、用品等的设备。A320 系列飞机的餐车种类分为两种，即全尺寸餐车和半尺寸餐车，都有对应的固定餐车位，如图 1-105 所示。餐车的组成结构如图 1-106 所示。

图 1-105　餐车的种类

图 1-106　餐车的组成结构

① 手柄：用来拉动餐车。

② 通风口：送风进口／出口，可对餐食制冷。

③ 标志牌栏：说明所装物品内容。

④ 餐车门锁：固定餐车门。

⑤ 刹车板：红色刹车踏板和绿色解除制动踏板。

⑥ 干冰盘：放置干冰对餐食制冷。

（二）餐车使用

1. 打开／关闭餐车门

将门闩手柄沿着图 1-106 所示方向，向上滑动，然后拉手柄，打开餐车门；推手柄，关上餐车门，将门闩手柄沿着图 1-106 所示方向，向下滑动，锁闭餐车门。

2. 餐车制动

餐车底部有两个踏板，一红一绿，是餐车的刹车系统。红色表示刹车，绿色表示解除刹车。当餐车停止时，必须踏下红色刹车踏板，防止餐车移动，撞伤人员，如图 1-107 所示。

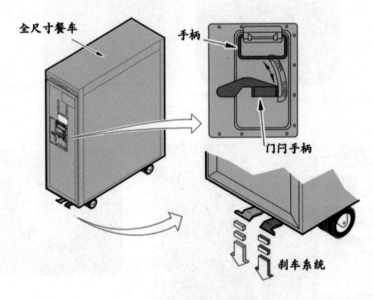

图 1-107　餐车的门闩与刹车

（三）注意事项

餐车不得用于存放各种试剂、疫苗或者其他生物化学制剂及其制成品。餐车要按照规定位置存放，起飞和着陆前必须存放妥当，将车门紧锁，踩好刹车，并用锁扣固定。

航前要检查餐车车门和刹车是否能够正常使用，不得使用刹车失灵、超出车槽位置以及超出限重的餐车。

八、垃圾箱

在飞机厨房两侧设有垃圾箱，用来放置垃圾和杂物。飞机到站后地面清洁人员负责清理并更换垃圾袋。注意：切勿将液体和易腐蚀性物品倒进垃圾箱中，如图 1-108 所示。

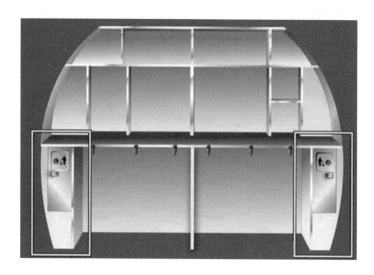

图 1-108　厨房垃圾箱

九、备份箱

备份箱是可以移动的箱体，用于储藏或传递食品、饮料、机供品和服务用具等，位于厨房上方。备份箱门上配有门闩，当备份箱固定在厨房里之后，要及时锁闭箱门和锁扣，如图 1-109 所示。

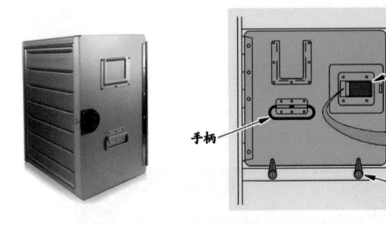

图 1-109　备份箱

十、附加工作台

在厨房里，除了正常操作台面外，还配备附加工作台。当正常操作台面无法满足使用需要时，乘务员可在附加台面操作。

附加工作台分为两种，即滑动工作台 (Sliding work table) 和折叠工作台 (Folded work table)。

① 滑动工作台。使用时，将锁扣转至垂直方位，向外拉出工作台；收起时，向里推进工作台，将锁扣转至水平位置，锁住工作台。

② 折叠工作台。使用时，解锁滑动锁扣，锁定指示显示为红点，提起撞击锁扣解锁，展开工作台；收起时，折起工作台，撞击锁扣锁住，滑动锁扣移动至左边，锁定指示显示为绿点，如图 1-110 所示。

十一、厨房灯光

厨房灯光的开关均安装在厨房配电板上，分为台面灯、工作灯和顶灯。厨房灯光使用方法如下。

- 旅客上下飞机时，打开顶灯。
- 飞机起飞和下降期间，打开工作灯。
- 飞行工作期间，打开顶灯。
- 夜航飞行值班期间，打开台面灯。

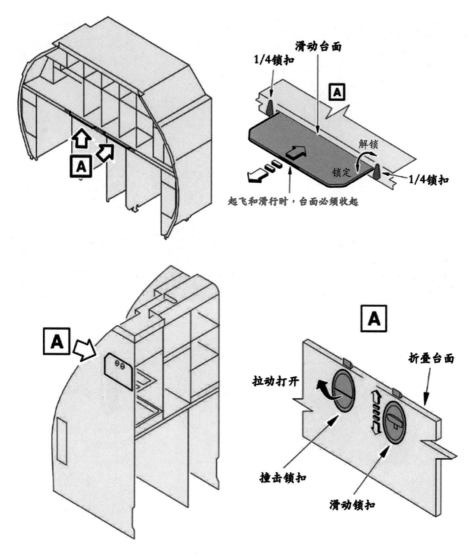

图 1-110　附加工作台

十二、水系统

厨房水系统由水龙头、积水槽、水管、水关断阀门组成。当出现漏水现象时，应及时关闭厨房水关断阀门。应当注意的是，不要将牛奶、奶油、酸性液体、食物残渣、咖啡残渣和茶叶末倾倒入水槽内，如图 1-111 所示。

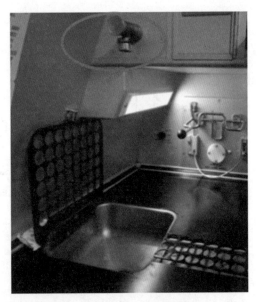

打开

关闭

水关断阀门

图 1-111 厨房水系统

十三、厨房锁扣

厨房锁扣能让厨房用品、设备等安全固定住。厨房锁扣分为 5 种不同的类型。

① 1/4 圈固定锁扣 (1/4-Turn retainer)：转至垂直位置解锁或水平位置锁住厨房设备。

② 中位锁扣 (Intermediate latch)：旋转锁扣解锁 / 锁住厨房设备。

③ 撞击锁扣 (Slam latch)：用于锁住厨房设备，提起锁扣可解锁。

④ 滑动锁扣 (Sliding latch)：用于锁住厨房设备门。锁扣指示显示红点代表解锁，显示绿点代表锁住。

⑤ 下位固定锁扣 (Kickload retainer)：通常固定在餐车位下部，与 1/4 圈固定锁扣相似。防止餐车滑出餐车位，如图 1-112 所示。

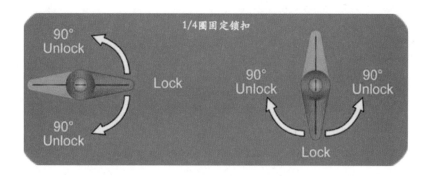

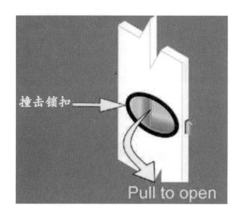

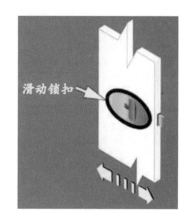

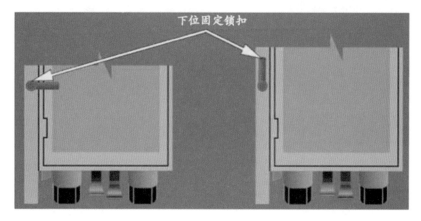

图 1-112 厨房锁扣的种类

练习题

1. A320 系列飞机有几个厨房？

2. A320 系列飞机的烤箱有几种类型？说明烤箱使用的注意事项。

3. 简述使用烧水杯的注意事项。

4. A320 系列飞机注水器 READY 灯亮起代表什么？

5. 简述餐车的组成结构。

6. 厨房中的冷风机可以冷藏任何物品吗？

7. 简述厨房附加工作台的类型和使用方法。

8. 厨房锁扣有几种类型？

9. 往厨房积水槽中倾倒液体时，需要注意什么？

第二章

空中客车 A350 系列飞机

　　全新空中客车 A350XWB 系列包含 A350-800、A350-900 和 A350-1000。其中，A350-900 喷气式客机是 A350XWB 系列的奠基石，它塑造着未来的航空旅行。全球很多航空公司已经订购此机型，国内的国航、东航、海航、川航等航空公司已经投入运营。飞机使用最新的先进技术，使机上每一位旅客都能享受到愉快的飞行。A350XWB 系列飞机其机身由碳纤维复合材料制成，有助于降低燃油消耗、增强抗腐蚀性，且更容易维修。本章详细介绍 A350-900 型客机的设备及使用方法，其中与 A320 系列飞机相同或者相似的部分不再冗述。

A350-900

Shaping the future of air travel!

第一节 飞机简介

A350-900 型飞机是欧洲空中客车公司研制生产的远程双通道亚音速民用航空器。A350-900 型飞机在 A330 型飞机基础上进行了改进，增加了航程并降低了运营成本。

一、飞机基本数据

1. A350-900 型飞机尺寸（见图 2-1）

① 机长：66.61m。

② 机高：17.05m。

③ 翼展：64.75m。

④ 客舱长度：51.04m。

⑤ 最大客舱宽度：5.61m。

图 2-1　飞机的外观尺寸

2. A350-900 型飞机性能

① 最高设计时速：M0.89。

② 最大飞行高度：43100ft(13137m)。

③ 最大航程：约为 14600km(7900NM)。

④ 最大起飞重量：260t。

⑤ 最大降落重量：207t。

二、飞机的出口

A350-900 型飞机配有 8 个功能相同的舱门，机身左右两侧各 4 个。舱门是具有故障

保护的、内嵌式向前推且平行于机身的，从飞机内部和外部均可开启，如图 2-2 所示。

图 2-2 飞机的出口

三、飞机客舱的布局

A350-900 型飞机客舱分为前舱 (FWD Cabin)、中舱 (MID Cabin) 和后舱 (AFT Cabin)3 个区域，每个区域都配有卫生间、厨房、储藏柜和乘务员座席部分（蓝色）以及客舱座椅部分（黄色），如图 2-3 所示。

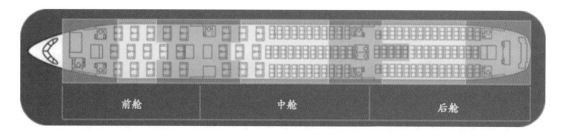

图 2-3 客舱区域的划分

A350 系列飞机前舱区域为头等舱或者公务舱；中舱区域为公务舱或者经济舱；后舱区域为经济舱，如图 2-4 所示，根据航空公司个性化需求装配。

A350-900 型飞机客舱最大座位数是 400，通常航空公司选配的三舱位座位数是 300 ～ 350。以某航空公司 A350-900 型飞机客舱布局为例，客舱总座位数为 312 个，其中公务舱座位 32 个，布局为 1-2-1；超级经济舱座位 24 个，布局为 2-4-2；经济舱座位 256 个，布局为 3-3-3。此外，飞机上还配有 4 个厨房和 9 个卫生间，如图 2-5 所示。

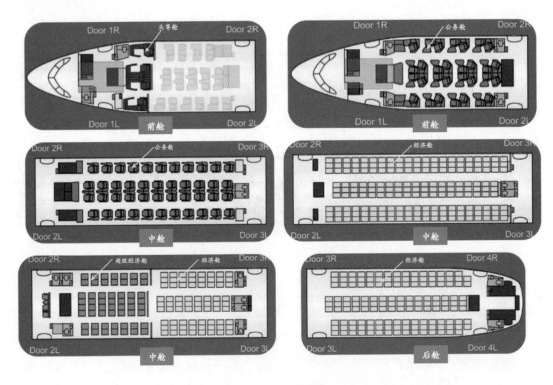

图 2-4　舱位的分布

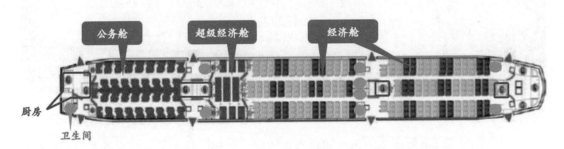

图 2-5　某航空公司 A350-900 型飞机的客舱布局

四、飞机油箱

A350-900 型飞机有 3 个油箱，即两个翼上油箱和一个中央油箱，如图 2-6 所示。

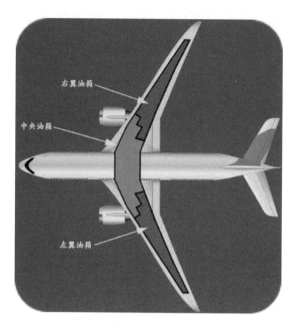

图 2-6　飞机油箱的位置

五、机身亮点

A350-900 型飞机有着炫酷的外形，头戴墨镜，翼尖似圆月弯刀，如图 2-7 所示。

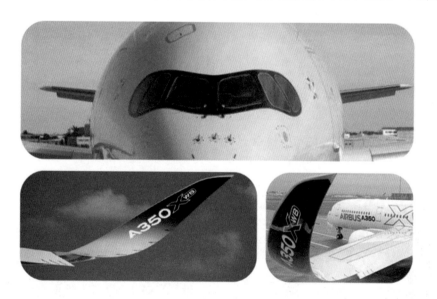

图 2-7　A350-900 型飞机的外观特点

"墨镜"是指驾驶舱舷窗外一圈黑色的边框，称为"防眩晕带"，目的是弱化驾驶舱玻璃周围位置的阳光反射，增强安全性，有助于飞行员的飞行安全，此功能经常用于军用飞机。

"圆月弯刀"是指翼梢小翼，是仿造猎鹰翅膀造型而来，同机翼完美地融合在一起。A350-900 型飞机作为一款全新机型，采用了大量创新的科技材料，外观设计不仅美观，还非常符合空气动力学原理。翼梢小翼优化了机翼末梢的气流走向，增加升力、减少阻力、降低油耗、增加航程。

六、飞机的特点

（一）旅程舒心

飞机客舱采用全 LED 情景灯光系统，1600 万种不同颜色，可以模拟一天中不同时段灯光场景，使旅客减少疲劳和时差反应；机身使用先进复合材料，使客舱气压高度仅6000ft，接近人体正常活动气压；先进的客舱空气管理系统，每 2 ～ 3min 完成一次客舱空气更新，使客舱有更多新鲜空气；融合式鲨鳍小翼，能有效降低飞行的噪声，使旅程更安静。

（二）客舱空间宽敞

飞机采用了行业内最高的客舱壁板高度，客舱侧壁几乎垂直，增加了旅客的空间感。

（三）座椅舒适

超级经济舱选用 2-4-2 布局，一排 8 座，宽度与 A380 系列飞机一排 9 座的尺寸相当。座椅配有一体式腿托和超大脚踏板，增加了座椅空间感和舒适度。四维座椅头枕可以四向调节，适应不同身高的旅客。

经济舱座椅选用 3-3-3 布局，一排 9 座，宽度与 A380 系列飞机一排 10 座的尺寸相当。座椅配有带颈部支撑的四维调节头枕及三挡位可调节脚蹬，充分考虑旅客乘坐的舒适性，如图 2-8 右图所示。

图 2-8　"反鱼骨"式公务舱与经济舱的布局

（四）"反鱼骨"式两舱布局

部分航空公司 A350-900 型飞机的两舱采用了"反鱼骨"式 1-2-1 布局，不仅空间增大且更具隐私保护性和免打扰性，提高了旅程舒适度，如图 2-8 左图所示。

（五）娱乐系统的更新

飞机为所有旅客提供最新的第四代机上娱乐系统，具有丰富的媒体及娱乐内容、高分辨率屏幕、双孔立体声耳机接口、全新娱乐控制手柄等。

（六）Wi-Fi 全覆盖

飞机在 3000m 以上高空提供互联网服务，旅客可以通过个人设备畅享互联接入（互联网、电子邮件、移动通信、无线网络）。

（七）运营高效

飞机使用先进复合材料，其中碳纤维复合材料占比 53%。钛合金、复合材料、新一代铝合金等先进材料应用占到机体 70%，一系列的改进降低了运行成本，减少燃油消耗和二氧化碳的排放。

练习题

1. A350-900 型飞机的机长、机高、翼展和客舱长度分别是多少？
2. A350-900 型飞机有几个舱门？
3. A350-900 型飞机客舱最多可以装配多少个座位？通常三舱位座位数是多少？
4. A350-900 型飞机的最大航程是多少？
5. A350-900 型飞机的特点是什么？
6. A350-900 型飞机的"墨镜"造型是什么含义？

第二节　飞机舱门

一、舱门概述

A350-900 型飞机配备 8 个结构相同的向前推、平行于机身、内嵌式舱门，分别是 L1 ～ L4 舱门和 R1 ～ R4 舱门，如图 2-9 所示。

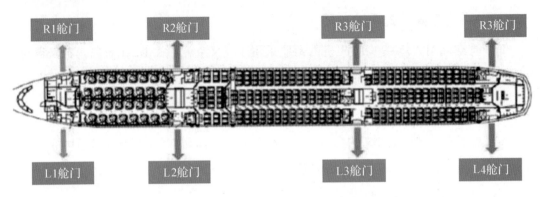

图 2-9　飞机的舱门

二、舱门的结构

A350-900 型飞机舱门尺寸为宽 1.07m(42ft)、高 1.88m(74ft)。飞机舱门结构包括以下部件，如图 2-10 所示。

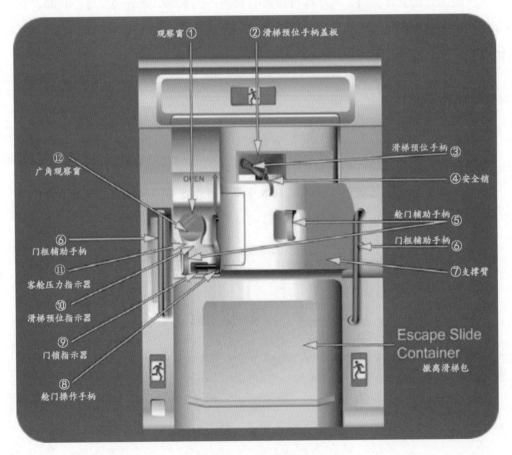

图 2-10　舱门的结构

① 观察窗 (Observation window)。

② 滑梯预位手柄盖板 (Cover if the slide arming lever)。

③ 滑梯预位手柄 (Slide arming lever)。

④ 安全销 (Pin)。

⑤ 舱门辅助手柄 (Door assist handles)。

⑥ 门框辅助手柄 (Frame assist handles)。

⑦ 支撑臂 (Hinge arm)。

⑧ 舱门操作手柄 (Door control handle)。

⑨ 门锁指示器 (Door locking indicators)。

⑩ 滑梯预位指示器 (Slide armed indicator)。

⑪ 客舱压力指示器 (Cabin pressure indicator)。

⑫ 广角观察窗 (Observation window with lens)。

(一) 滑梯预位手柄与安全销

在舱门中上部装有滑梯预位手柄，操作此手柄进行滑梯 / 救生船的预位和解除预位操作。向左是解除滑梯预位 (Disarmed)，此时将安全销插入安全销储藏孔中，滑梯预位手柄固定在解除预位位置；向右是滑梯预位 (Armed)，此时预位手柄覆盖了安全销储藏孔，阻止插入安全销，乘务员应将安全销存放在相应门处的乘务员座席下方储藏箱中，如图 2-11 所示。

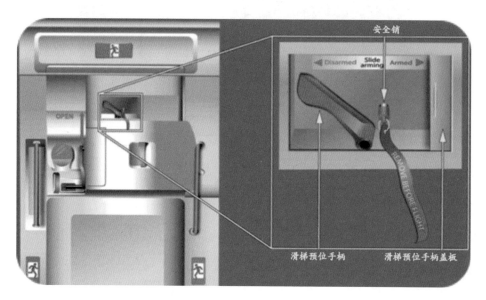

图 2-11　滑梯预位手柄与安全销

（二）舱门辅助手柄

每个舱门上有两个舱门辅助手柄，一个位于支撑臂上，一个位于观察窗下方。在舱门操作时可以使用舱门辅助手柄。

（三）支撑臂

支撑臂用于连接舱门与飞机门框。

（四）阵风锁

阵风锁安装在支撑臂上的辅助手柄上，阵风锁按钮是舱门支撑臂上辅助手柄的一部分。阵风锁能确保舱门固定在全开位置，如图 2-12 所示。

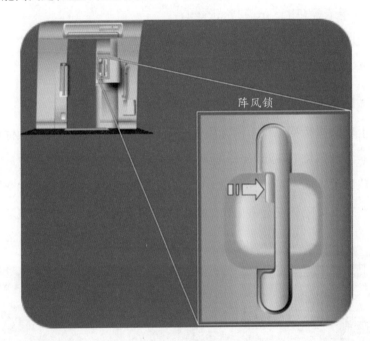

图 2-12　阵风锁

（五）门框辅助手柄门

每个舱门的门框两侧都安装有门框辅助手柄，操作舱门时用于保护和固定机组人员。

（六）舱门操作手柄

每个舱门的内部和外部各有一个舱门操作手柄，用于开启和关闭客舱门。

（七）门锁指示器

门锁指示器显示舱门当前的状态。当舱门操作手柄完全压下时，两个门锁指示器为

绿色 (LOCKED)，表示舱门锁定；当舱门操作手柄抬起时，两个门锁指示器显示为红色
(UNLOCKED)，表示舱门未锁定，如图 2-13 所示。

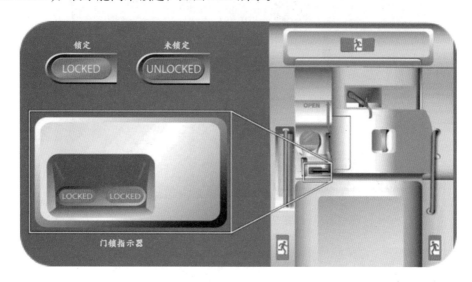

图 2-13　门锁指示器

（八）滑梯预位指示灯与客舱压力警告灯

同 A320 系列飞机一样，当滑梯预位手柄在 Armed 位置时，抬起舱门操作手柄，滑
梯预位 (SLIDE ARMED) 指示灯将变为白色稳定亮并伴有连续嗡鸣声；当客舱压差大于
2.5mbar（1mbar=100Pa），抬起舱门操作手柄，客舱压力 (CABIN PRESSURE)S 警告灯将
变为红色闪亮并伴有间断的蜂鸣声，表明客舱还有余压，如图 2-14 所示。

图 2-14　滑梯预位 (SLIDE ARMED) 指示灯与客舱压力 (CABIN PRESSURE) 警告灯

（九）广角观察窗

在操作舱门之前，必须通过观察窗查看舱外情况，同时确认客舱压力警告灯和滑梯预
位指示灯未亮起（同 A320 系列飞机）。此外，A350-900 型飞机每个舱门观察窗的下半部
均安装一个菲涅耳透镜，用于增大观察外部区域，如图 2-15 所示。

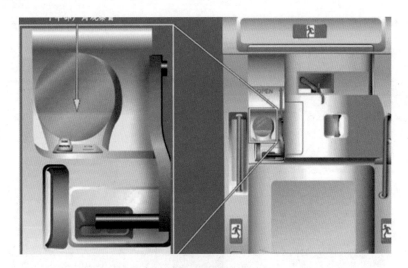

图 2-15　广角观察窗

三、舱门的操作

（一）内部正常操作舱门开启

① 确认滑梯预位手柄在解除预位 (Disarmed) 位置，且已插好安全销。

② 检查客舱压力警告灯未亮，如果红灯闪亮，则不能开启舱门。

③ 观察飞机外部情况。

④ 抓住门框辅助手柄。

⑤ 轻抬舱门操作手柄，观察并确认滑梯预位指示灯未亮。

⑥ 完全提起舱门操作手柄。

⑦ 门锁指示器由绿色 (LOCKED) 变为红色 (UNLOCKED)。

⑧ 抓住舱门辅助手柄向外向前推动舱门。

⑨ 确认阵风锁锁定舱门在全开位置。

（二）内部正常操作舱门关闭

① 抓住门框辅助手柄。

② 按压阵风锁。

③ 抓住舱门辅助手柄，往身体方向拉动舱门。

④ 松开阵风锁。

⑤ 向内拉动舱门进入客舱。

⑥ 完全下压舱门操作手柄。

⑦ 确认门锁指示器显示为绿色 (LOCKED)。

（三）外部正常操作舱门开启

① 通过观察窗确认客舱压力警告灯未亮。

② 向里推动盖板（按压 PUSH 位置）。

③ 抓住舱门手柄上提（从外部开启时，滑梯预位手柄自动解除预位）。

④ 向外向前推舱门至全开位置。

⑤ 确认阵风锁锁住。

⑥ 将舱门手柄下压回凹槽中，如图 2-16 所示。

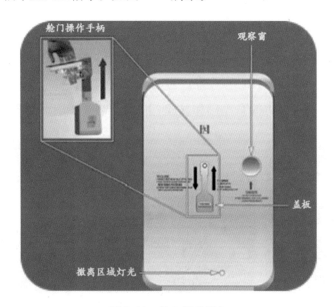

图 2-16　外部操作舱门

（四）外部正常操作舱门关闭

① 向里推动盖板（按压 PUSH 位置）。

② 抓住舱门手柄上提。

③ 按下阵风锁。

④ 向里推舱门至门框位置。

⑤ 下压舱门操作手柄回凹槽中。

⑥ 确认舱门完全关闭，舱门与门框在同一水平面。

（五）应急操作舱门开启

① 确认滑梯预位手柄在预位 (Armed) 位置。

② 检查客舱压力警告灯未亮。

③ 观察飞机外部情况。

④ 抓住门框辅助手柄。

⑤ 迅速上提舱门操作手柄并松开。

⑥ 门自动打开。

需要注意，因为舱门带有气动辅助装置，舱门自动打开阶段不要试图操作舱门，当气动助力失效时，手动推开舱门。

四、撤离滑梯

A350-900 型飞机所有舱门内均配有撤离设备，水上撤离时具备救生船功能。A350-900 型飞机舱门可分为 C 型门和 A 型门，其中 C 型门配备单通道滑梯 / 救生船，可一次撤离一人；A 型门配备双通道滑梯 / 救生船，可同时撤离两人，每个通道一人。根据不同客舱布局，不同 A350 系列飞机的 C 型门和 A 型门的位置各不相同，如图 2-17 所示。

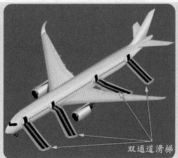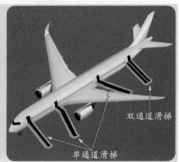

图 2-17 撤离滑梯的类型

练习题

1. A350-900 型飞机舱门有几种类型？

2. A350-900 型飞机舱门结构包括哪些？

3. A350-900 型飞机舱门观察窗有什么特点？

4. A350-900 型飞机舱门门锁指示器绿色表示什么？

5. Slide arming lever 指的是什么？

6. 简述 A350-900 型飞机内部开启舱门程序。

7. 简述 A350-900 型飞机内部关闭舱门程序。

8. A350-900 型飞机滑梯预位时，安全销在什么位置？

第三节　客舱内部

一、驾驶舱

A350 系列飞机驾驶舱的设计隔音隔热，且有多样的存储空间放置机上各种设备，最大限度地保证了飞行员的舒适性和便捷性。

A350 系列飞机驾驶舱有 4 个座位。其中，机长和副驾驶座椅是具有相同功能的可调节座椅；第三座椅位于进入驾驶舱后的右手边位置，也是可调节座椅；第四座椅位于进入驾驶舱后的左手边位置，为折叠座椅，如图 2-18 所示。

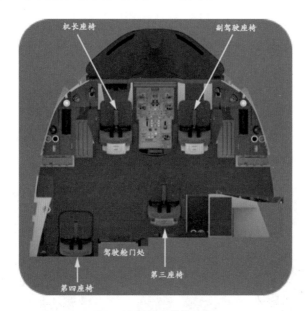

图 2-18　驾驶舱的布局

A350 系列飞机配有向驾驶舱内方向开启的驾驶舱门，具有防弹功能且符合快速释压要求。门上装有电子锁，当门锁系统开启时，只要关闭驾驶舱门，门就会自动锁闭；当门锁系统失效时，门虽关闭但已经解锁。任何时候，飞行员都可以使用舱门手柄从内部人工开启驾驶舱门。

二、机组休息室

不同于 A320 系列等中短程客机，通常远程客机上会配有机组休息室，包括飞行机组休息室和客舱机组休息室。根据航空公司引进飞机时客舱选型差异化，客舱机组休息室也会有所区别。飞机上的机组休息室仅供机组人员休息使用，旅客禁止进入，并且在飞机滑

行、起飞和降落阶段禁止使用机组休息室，如图 2-19 所示。

(a) 飞行机组休息室　　　　　　　　　　(b) 客舱机组休息室

图 2-19　机组休息室

（一）飞行机组休息室

A350 系列飞机飞行机组休息室 (Flight crew rest compartment) 位于客舱前部上方，长航线飞行时，为飞行员提供安静的休息区域。飞行机组休息室内的设施包括但不限于以下部件：两张带有安全带、门帘、通风口、阅读灯、小屏幕以及氧气面罩的床铺，此外还有储藏柜、应急设备、通信设备、信息面板和烟雾探测器等，如图 2-20 所示。

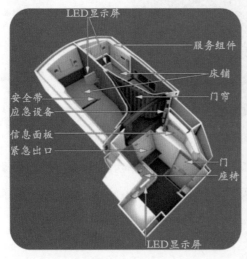

图 2-20　飞行机组休息室的设备

（二）客舱机组（乘务员）休息室

A350 系列飞机客舱机组休息室位于客舱后部上方，为乘务员提供安静的休息区域。休息室内配有 6 张或者 8 张床铺，根据航空公司选型不同有所差异，如图 2-21 所示。

6张床铺布局

8张床铺布局

图 2-21　客舱机组休息室的布局

　　客舱机组休息室内的设施包括但不限于以下部件：6 张或者 8 张带有安全带、门帘、通风口、阅读灯、小屏幕以及氧气面罩的床铺，还有储藏柜、应急设备、通信设备、信息面板和烟雾探测器等，如图 2-22 所示。

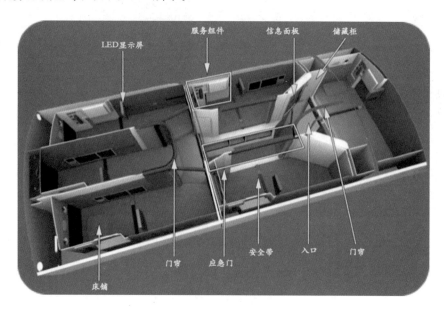

图 2-22　客舱机组休息室的设备

三、乘务员座席

　　A350 系列飞机通常配有 13 个乘务员座席，分为单人座席和双人座席。座席分布如

图 2-23 所示，每个座席下方都有应急设备存储空间。

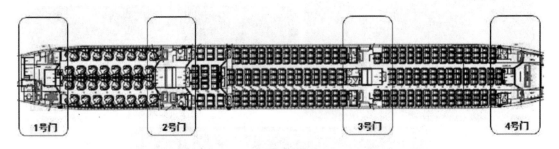

图 2-23 乘务员座席的分布

与其他飞机乘务员座席不同的是，A350 系列飞机左侧 1 号处的座席是 HCCAS(High Comfort Cabin Attendant Seat)，是高舒适性乘务员座席。该座席包括可调节头枕、可调节座椅、斜躺式靠背、腿托 (可选装)、可收回扶手和小桌板等，如图 2-24 所示。

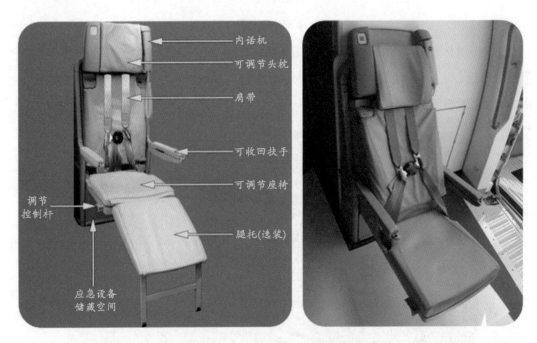

图 2-24 高舒适性乘务员座席

其中，向上抬起调节控制杆，座椅靠背可以向前或者向后滑动；座椅扶手可以提起或者放下；小桌板储藏在座椅背后，用锁扣锁住，使用时将小桌板放在放下的扶手上，将桌板的插头固定在座椅扶手底端的孔中，如图 2-25 所示。

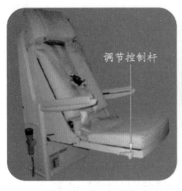
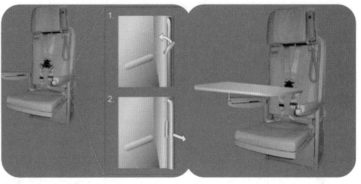

调节控制杆

图 2-25　高舒适性乘务员座席的操作

四、旅客座椅

A350 系列飞机经济舱选用 17 ～ 18in(1in=2.54cm) 新款轻合金材料座椅，座椅间距为 32in，后仰角度 6in，每个座椅配有四维头枕和 3 挡位可调节脚蹬，符合人体工学设计的坐垫与椅背使座椅更舒适。座椅配有电源插座、12in 新款高清触摸显示器和操控手柄，如图 2-26 所示。

图 2-26　经济舱座椅

A350 系列飞机超级经济舱选用 18.5in 座椅，座椅间距为 38in，后仰角度最大达到 8in，每个座椅配有四维头枕和一体式腿托及超大脚蹬。与经济舱座椅相比，超级经济舱配有更大面积的小桌板，储藏在座椅扶手中，可以一键弹出。同时，靠过道侧扶手可以升降，扶手降下后与坐垫高度相同。此外，还配有电源插座、USB 充电接口、13in 新款高清触摸显示器和全新操控手柄、迎宾酒台等，舒适度不亚于窄体客机的公务舱。部分航空

公司选配了真皮椅套，为旅客提供更加舒适的乘机体验，如图 2-27 所示。

可升降扶手

小桌板　　　　　　　　　迎宾酒台　　　　　　　　腿托与脚蹬

图 2-27　超级经济舱座椅

练习题

1. A350 系列飞机驾驶舱第三座椅和第四座椅的位置在哪里?
2. A350 系列飞机飞行机组休息室位于飞机什么位置?
3. A350 系列飞机客舱机组休息室位于飞机什么位置?
4. A350 系列飞机客舱机组休息室有哪些设备?
5. 简述 A350 系列飞机 L1 门 HCCAS 座席的特征。
6. 简述 A350 系列飞机超级经济舱座椅与经济舱座椅的区别。

第四节　客舱通信系统

一、通信系统概述

A350 系列飞机客舱通信系统可以实现 4 个部分的连接。

● 机组成员间通话 (Cabin interphone)。

- 机组与地面机务通话 (Service interphone)。
- 客舱广播 (Passenger address)。
- 旅客呼叫 (Passenger calls)。

（一）内话机的分布

A350 系列飞机的内话机 (Handset) 分别位于驾驶舱、飞行机组休息室、客舱机组休息室和每个舱门的乘务员座席处。每个位置一部内话机，共 11 部，如图 2-28 所示。

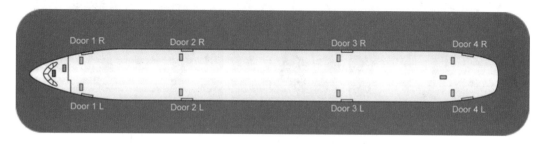

图 2-28　内话机的分布

（二）内话机的结构

如图 2-29 所示，A350 型飞机内话机由显示屏、数字及功能键、听筒、话筒等组成。其中，数字及功能键包括 3 个多功能软键 (Multifunction soft keys)、6 个功能键 (Function keys)、6 个数字键 (Numeric keys)、1 个加号键 (Plus key)、1 个送话键 (Push-to-talk key) 以及呼出 / 挂断键 (Transmission keys-send and reset/cancel)。

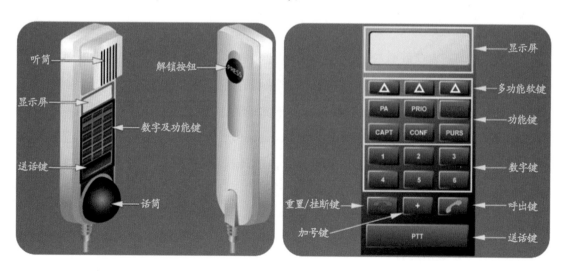

图 2-29　内话机的组成结构

（三）内话机使用方法

按压内话机背部黑色的 PRESS 按钮，从托架上取出内话机；按下相应按键拨号通话；通话结束后复位内话机，先将内话机话筒轻推入托架中，再将内话机听筒轻推入托架中并卡住，如图 2-30 所示。

图 2-30　内话机的拿取与复位

二、客舱内话

A350 系列飞机客舱内话包含乘务员座席处、机组休息室和驾驶舱之间的相互通话。每个内话机的通话是单独进行的，故不同位置的内话机可以同时进行通话。比如：乘务员在 1 门处使用内话机与 2 门处乘务员通话，与此同时，乘务员在 3 门处可以使用内话机与 4 门处乘务员通话。

（一）优先级顺序

根据客舱内话通话类型不同，具有不同级别的顺序，高级别内话呼叫会切断正在进行的低级别通话。另外，优先级顺序也跟内话呼叫来源有关，通常驾驶舱呼叫会切断客舱呼叫。

- Level 1：紧急呼叫 (EMER calls)——最高级别。
- Level 2：优先呼叫机长 (PRIO calls to Captain)。
- Level 3：优先呼叫乘务长 (PRIO calls to Purser)。
- Level 4：呼叫全体乘务员 (CONF calls)。
- Level 5：普通内话呼叫 (Normal calls)——最低级别。

（二）内话呼叫操作

1. 拨打电话

① 紧急呼叫：按"EMER"键不少于 1s。

② 呼叫全体乘务员：按"CONF"键，然后按呼出键。

③ 优先呼叫机长：按"PRIO"键，再按"CAPT"键，然后按呼出键。

④ 优先呼叫乘务长：按"PRIO"键，再按"PURS"键，然后按呼出键。

⑤ 优先呼叫乘务员：按"PRIO"键，再按"CONF"键，然后按呼出键。

⑥ 呼叫机长：按"CAPT"键，然后按呼出键。

⑦ 呼叫乘务长：按"PURS"键，然后按呼出键。

⑧ 呼叫乘务员：按"1"～"4"键，然后按呼出键。

⑨ 呼叫单独门区乘务员：按"1"～"4"键，再按"LH"键或"RH"键，然后按呼出键。

⑩ 呼叫多门区乘务员：按"1"～"4"键，再按"+"键，再按"1"～"4"键，然后按呼出键。

⑪ 呼叫机组休息室：按"CCRC"键或者"FCRC"键，然后按呼出键。

⑫ 呼叫机务：按"MISC"键，然后按呼出键，如图 2-31 所示。

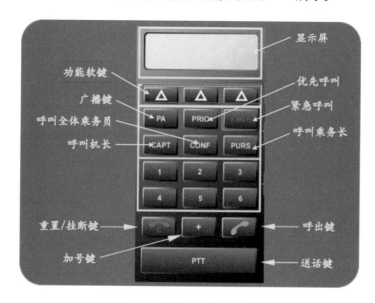

图 2-31 内话机的操作

2. 接听电话

取下内话机，按"ACCEPT"功能软键，接听来电。

3. 拒接电话

取下内话机，按"REJECT"功能软键，或者按重置 / 挂断键 (RESET/CANCEL)，拒绝接听来电。

4. 结束电话

通话结束后，按重置/挂断键(RESET/CANCEL)，将内话机复位至托架中。

三、客舱广播

乘务员或者飞行员可以使用内话机进行客舱广播。客舱、卫生间、厨房和机组休息室均能收听到客舱广播的内容。客舱广播功能还可以用于广播客舱设备的音频信号，如预录广播和登机音乐等。

A350系列飞机客舱广播可以根据实际需求进行分舱广播。比如，乘务员使用1门处内话机对公务舱区域进行客舱广播，经济舱区域旅客听不到该广播。与此同时，乘务员使用4门处内话机对经济舱区域进行客舱广播，不会影响到公务舱区域的广播操作。

（一）优先级顺序

客舱广播根据广播的来源和功能类型，也具有不同级别顺序。高级别客舱广播会切断正在进行中的低级别客舱广播。

- Level 1：驾驶舱广播(PA from the cockpit)——最高级别。
- Level 2：直接广播(Direct PA)。
- Level 3：优先广播(Priority PA)。
- Level 4：普通广播(Normal PA)。
- Level 5：其他广播(External PA)——最低级别。

（二）客舱广播的操作

① 直接广播：直接按"PTT"键。

② 优先广播：按"PRIO"键，再按"PA"键，再按"PTT"键。

③ 全舱广播：按"PA"键，再按"PTT"键。

④ 分舱广播：按"PA"键，再按相应区域的数字"1"或者"2"或者"3"键，再按"PTT"键。

四、旅客呼叫

旅客呼叫功能通过安装在旅客控制组件(PCS)处和卫生间服务组件(LSC)处的呼唤铃实现。当旅客需要乘务员帮助时，可以使用呼唤铃呼叫乘务员，如图2-32所示。

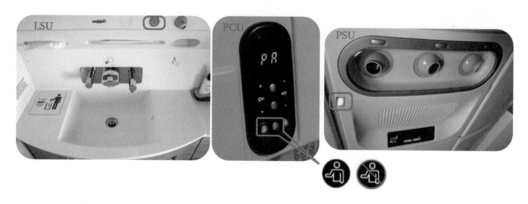

图 2-32　LSU/PCU/PSU 呼叫

练习题

1. A350 系列飞机客舱通信系统可以实现哪些连接？

2. A350 系列飞机有几部内话机？各在什么位置？

3. A350 系列飞机内话机功能键都包含哪些内容？

4. 客舱内话的优先级顺序是什么？

5. 简述如何同时呼叫 2 门和 3 门处内话机。

6. 客舱广播的优先级顺序是什么？

7. 简述如何进行分舱广播。

第五节　客舱控制面板

一、系统介绍

A350 系列飞机的客舱交互通信数据系统 (Cabin Intercommunication Data System，CIDS) 是一个基于计算机的系统，通过该系统可以实现以下功能。

● 控制与监控客舱系统。

● 飞机与客舱系统之间的接口。

● 机组、地面机务与旅客之间的通信。

该系统由乘务员面板 (Flight Attendant Panel，FAP)、附加乘务员面板 (Additional Attendant Panel，AAP)、内话机 (Handset)、乘务员指示面板 (Attendant Indication Panels，AIP)、区域呼叫面板 (Area Call Panels，ACP)、旅客服务组件 (Passenger Service Units，PSU) 和烟雾探测器 (Smoke detectors) 组成。

二、乘务员面板 (FAP)

(一)FAP 的位置

A350 系列飞机配有两块 FAP，分别位于 1L 门和 2L 门，有些飞机上 2L 门的 FAP 也会选配在 4L 门的位置，如图 2-33 所示。

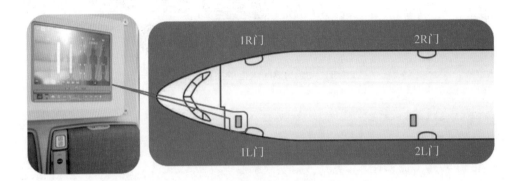

图 2-33　FAP 的位置

(二)FAP 的介绍

乘务员面板是 CIDS 的主控制面板，由触摸屏 (Touch screen) 和副面板 (Sub-panel) 两部分组成。副面板上包含 CIDS 键、MENU 键和一排功能键，功能键上有塑料保护罩，用于防止误操作，如图 2-34 所示。

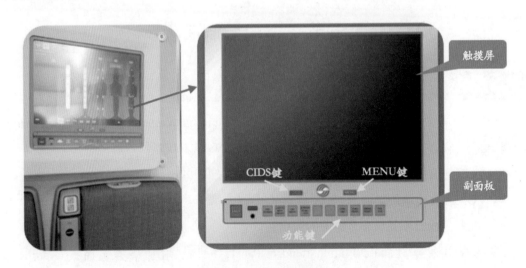

图 2-34　FAP 的组成结构

通常，功能键上包含应急灯开关键、旅客座椅电源开关键、灯光主控键、卫生间灯光明亮键、锁屏键 (可锁屏 30s)、应急撤离警告键、撤离警告声音复位键、烟雾警告复位键

和旅客服务系统控制键，如图 2-35 所示。

- EMER：应急灯开关键
- PED POWER：旅客座椅电源开关键
- LIGHTS MAIN ON/OFF：灯光主控键
- LAV MAINT：卫生间灯光明亮键
- SCREEN 30s LOCK：锁屏键
- EVAC CMD：应急撤离警告键
- EVAC RESET：撤离警告声音复位键
- SMOKE RESET：烟雾警告复位键
- PAX SYS：旅客服务系统控制键

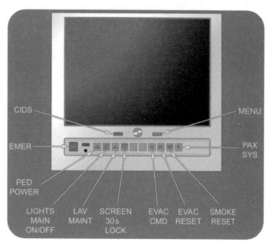

图 2-35 FAP 的功能键介绍

FAP 的触摸屏由操作区域、设置区域、页面选择等模块组成，如图 2-36 所示。通过"页面选择"选取相应内容，可以播放登机音乐或者预录广播、调节客舱灯光及客舱温度、监控舱门及滑梯状态、检查清污水使用状态以及厨房制冷、电动舷窗、加湿或除湿等功能。

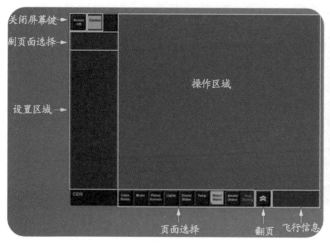

图 2-36 FAP 的界面

其中，"页面选择"模块中的内容根据航空公司的个性需求略有差异。通常包含以下内容，如图 2-37 所示。

- Cabin Status：客舱状态。

- Music：登机音乐。

- Pre Ann(Prerecorded Announcements)：预录广播。

- Lights：灯光调节。

- Doors/Slides：舱门 / 滑梯状态。

- Temp(Temperature)：温度调节。

- Water/Waste：清污水状态。

- Smoke Detect：烟雾探测。

- Seat Set(Seat Settings)：座椅设置。

- System Info：系统通知。

- Cabin Ready：客舱准备。

- Galley Cool：厨房制冷。

- IFE Power：娱乐系统电源。

- Pax Call：旅客呼唤。

- Window Dim：电动舷窗。

- Humi/Dehumi：加湿 / 除湿。

- Misc：其他设置。

图 2-37　FAP 的页面选择界面

三、附加乘务员面板（AAP）

A350 系列飞机配有两块 AAP，分别位于 3L 门和 4L 门，有些飞机上 4L 门的 AAP 也会选配在 2L 门的位置（当 4L 门选配 FAP 时）。此外，根据需求，也会在飞行机组休息室和客舱机组休息室中配备 AAP。AAP 具有灯光控制、温度控制、客舱准备、呼唤铃复位、卫生间烟雾警报、谐音关闭、应急撤离警告等功能。当乘务员按压相应按键时，与之相应的界面跳转出来，如图 2-38 所示。

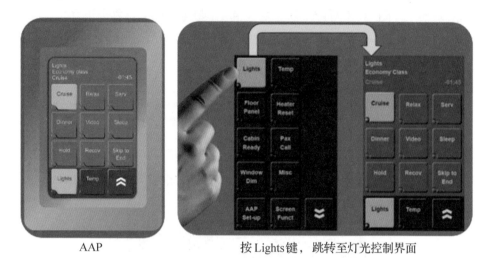

AAP   按 Lights 键，跳转至灯光控制界面

图 2-38 AAP 的操作

四、乘务员指示面板 (AIP)

A350 系列飞机每个乘务员座席处附近以及厨房均有配备 LED 屏幕的 AIP(乘务员指示面板)，根据需求，也会在飞行机组休息室和客舱机组休息室中配备 AIP，用于显示客舱广播、旅客呼叫、卫生间呼叫等客舱信息，如图 2-39 所示。

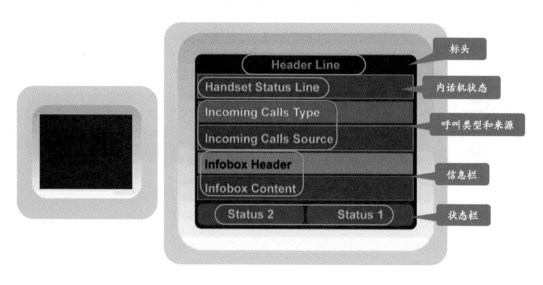

图 2-39 AIP 的操作

- 标头：显示行数为一行，AIP 位置和时间显示。
- 内话机状态：显示行数为一行，当前使用状态，如客舱广播等。
- 呼叫类型和来源：显示行数为两行，内容为内话呼叫类型和来源。
- 信息栏：显示行数为两行，包括旅客呼叫、卫生间烟雾报警等信息。
- 状态栏：显示行数为一行，左侧显示呼叫，右侧显示广播，如图 2-40 所示。

图 2-40　AIP 的界面

五、区域呼叫面板 (ACP)

　　ACP 位于 A350 系列飞机每个出口处的天花板下方及后厨房内，由 5 个连在一起的 LED 彩色方块组成，用于显示来自客舱呼叫显示、卫生间呼叫显示、乘务员之间呼叫显示以及驾驶舱正常和紧急呼叫显示，如图 2-41 所示。

图 2-41　ACP(区域呼叫面板)

- 蓝色灯稳定亮：旅客呼叫。
- 琥珀色灯稳定亮：卫生间呼叫。
- 琥珀色灯闪亮：卫生间烟雾报警、机组休息室烟雾报警。
- 粉红色灯稳定亮：乘务员呼叫、驾驶舱呼叫。

- 粉红色灯闪亮：应急撤离警告。
- 绿色灯稳定亮：乘务员呼叫（部分飞机选配）。

六、休息室信息面板

A350 系列飞机客舱机组休息室配有信息面板，位于休息室过道处壁板上，包含内话机、扬声器、电源、AAP、AIP、出口指示、卫生间使用指示、信息指示牌等设备，如图 2-42 所示。

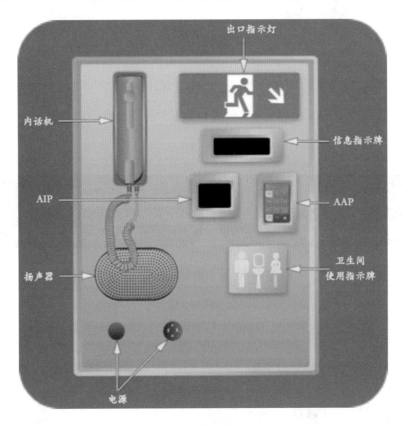

图 2-42　休息室信息面板

- 出口指示灯：紧急情况下亮起，显示通往机组休息室入口的方向。
- 卫生间使用指示牌：提示机组休息室附近的卫生间是否被占用。
- AIP：显示机组休息室内信息。
- AAP：控制和调节机组休息室内的系统，如温度、灯光等。

七、旅客信息指示牌

A350 系列飞机的旅客服务组件 (PSU) 位于客舱座椅上方行李架下面，包括扬声器、阅读灯及阅读灯按钮、旅客呼唤铃、旅客信息指示牌等，如图 2-43 所示。

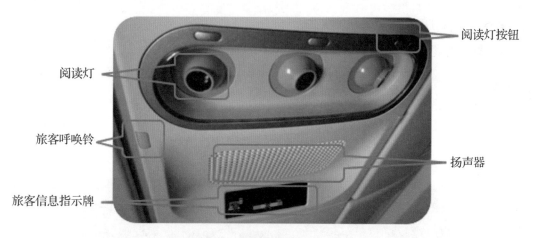

阅读灯按钮

阅读灯

旅客呼唤铃

扬声器

旅客信息指示牌

图 2-43　旅客服务组件 (PSU)

其中，旅客信息指示牌在起飞下降阶段、巡航阶段以及颠簸时会显示不同的内容，用于提示旅客，如图 2-44 所示。

图 2-44　旅客信息指示牌 (1)

旅客信息指示牌还包括以下内容，如图 2-45 所示。

● 回到座位指示（RETURN TO SEAT，RTS）：位于厕所服务组件 (LSU) 中。

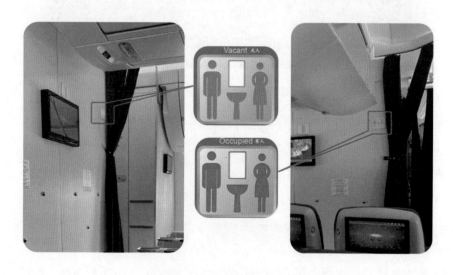

图 2-45　旅客信息指示牌 (2)

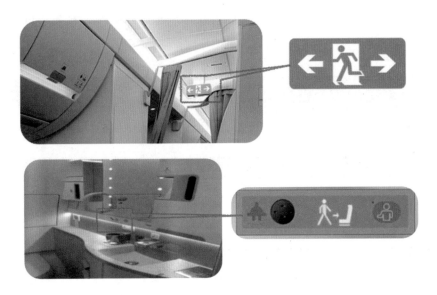

图 2-45　旅客信息指示牌 (2)(续)

● 出口指示 (EXIT)：位于每个客舱通道在舱门区域的天花板处。

● 卫生间使用指示 (Lavatory occupied sign)：卫生间外附近客舱壁板处。

练习题

1.A350 系列飞机 FAP 位于什么位置？

2.FAP 包括哪些组成部分？

3.FAP 功能键中的 EVAC CMD 代表什么含义？

4.FAP 功能键中的 PAX SYS 代表什么含义？

5.A350 系列飞机 AAP 具有哪些功能？

6.AIP 中 "时间显示" 在什么位置？

7.ACP 中粉红色灯闪亮代表什么含义？

8.ACP 中琥珀色灯闪亮代表什么含义？

9.机组休息室面板中包含哪些内容？

第六节　卫　生　间

一、卫生间的分布

A350 系列飞机卫生间的数量和位置，根据航空公司装配需求而有所不同。图 2-46 中的蓝色区域表示飞机上可以装配卫生间的位置。通常，航空公司购买 A350 系列飞机

时，会选择配备 8 ～ 10 个卫生间，以某航空公司为例，配备了 9 个卫生间，如图 2-47 所示。

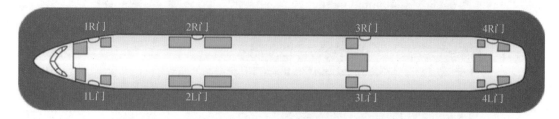

图 2-46　卫生间的可选装位置

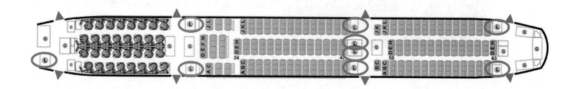

图 2-47　某航空公司飞机的卫生间分布

二、卫生间的内部结构

A350 系列飞机卫生间内部结构与 A320 系列飞机相似，由马桶组件、洗手盆组件、灯光组件、烟雾探测器、镜子、衣帽钩、垃圾箱及垃圾箱灭火器、呼唤铃等组成，如图 2-48 所示。

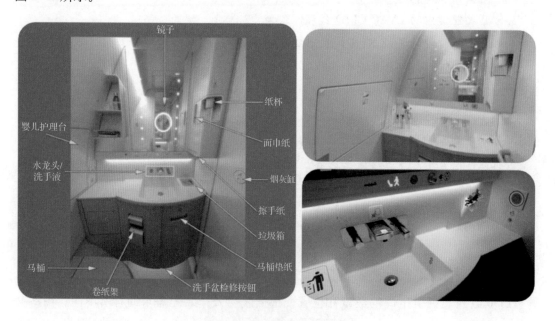

图 2-48　卫生间的内部结构

三、卫生间的设备

（一）洗手盆组件

A350 系列飞机卫生间洗手盆组件由水龙头、洗手液、排水阀、电源插座、通风口、呼唤铃、回到座位指示牌和禁止吸烟指示牌等组成，如图 2-49 所示。

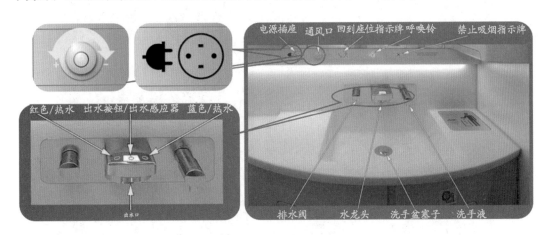

图 2-49　卫生间洗手盆的组件

其中，水龙头的出水方式有两种，包括感应式出水和按压式出水；通风口连接客舱空调系统，沿逆时针方向旋转可以增大风量，沿顺时针方向旋转可以减小风量；电源插座提供 115V/60Hz 交流电。

（二）水关断阀门

A350 系列飞机的每个卫生间内都有至少一个人工水关断阀门，位于洗手盆柜下方，用于切断洗手盆和马桶的水，如图 2-50 所示。

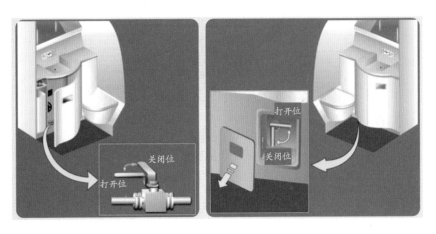

图 2-50　水关断阀门

（三）排水阀

A350 系列飞机的每个卫生间洗手盆下方都有一个排水阀，当下水不畅时，通过拉动排水阀上方的环形浮阀清空洗手盆内的积水，如图 2-51 所示。

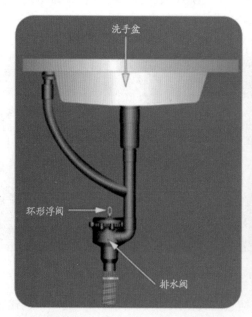
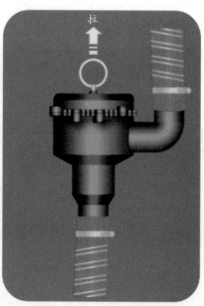

图 2-51　排水阀

（四）马桶组件

与 A320 系列飞机相同，A350 系列飞机马桶组件由马桶、马桶盖、马桶坐垫、冲水按钮和关闭水阀开关组成，且使用方向相同。唯一区别在于马桶冲水按钮。A350 系列飞机马桶冲水按钮能够显示冲水状态，如图 2-52 所示。

图 2-52　马桶冲水按钮

- 蓝色灯稳定亮：表示正在冲水。

- 琥珀色灯稳定亮：表示马桶无法使用。

- 蓝色灯闪亮：表示马桶污水满，自动冲水状态启动。

- 琥珀色灯闪亮：表示马桶正在维修。

（五）卫生间灯光组件

A350 系列飞机卫生间的灯光组件由天花板灯、镜前灯、镜面放大镜灯、洗手盆灯、置物架灯和地板灯组成，如图 2-53 所示。

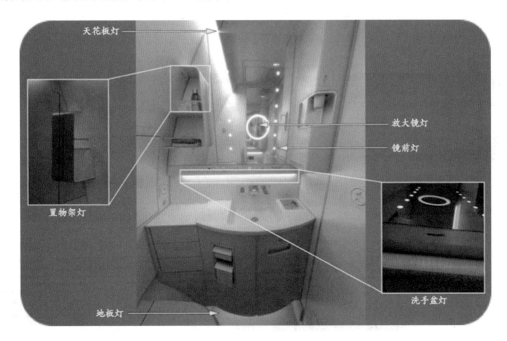

图 2-53　卫生间的灯光组件

卫生间灯光的明暗程度与卫生间门的开、关以及锁闭状态相关。

- 门打开状态：天花板灯暗亮，亮度 10%，镜前灯与洗手盆灯关闭。

- 门关闭状态：天花板灯暗亮，亮度 50%，镜前灯与洗手盆灯关闭。

- 门锁闭状态：天花板灯明亮，亮度 100%，镜前灯与洗手盆灯亮起。

练习题

1. A350 系列飞机卫生间灯光包含哪些？

2. A350 系列飞机卫生间水龙头的出水方式有哪些？

3. A350 系列飞机卫生间电源插座是多少伏？

4. 简述如何清空洗手盆内的积水。

5. A350 系列飞机马桶冲水按钮都有哪几种冲水状态？

6. 卫生间在什么状态下天花板灯暗亮，亮度 50%？

第七节　厨　房

一、厨房的分布

A350 系列飞机的厨房也包含两种类型，即湿厨房和干厨房。根据航空公司选型不同，机上厨房数量与位置略有差异，通常厨房会安装在舱门区域位置，如图 2-54 所示。

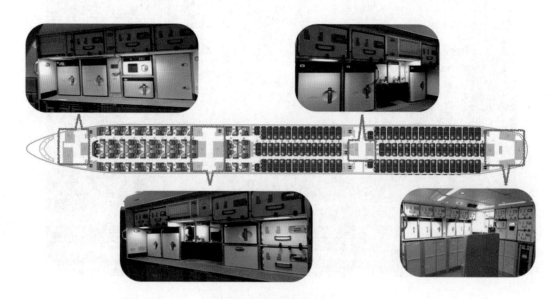

图 2-54　厨房的可选装位置

以某航空公司为例，A350 系列飞机配有 3 个厨房，厨房位置分布如图 2-55 所示。

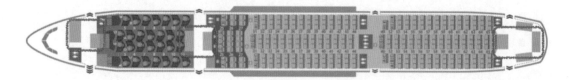

图 2-55　某航空公司飞机的厨房分布

二、厨房的设备

（一）配电板

在每个厨房中均配有厨房配电板，配电板上有冷风机控制面板、工作灯开关、跳开关

以及厨房电源开关和插座开关等，如图 2-56 所示。

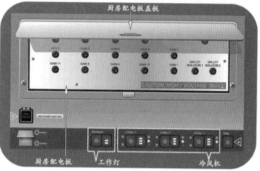

图 2-56　厨房配电板

（二）冷风机

冷风机控制面板上有温度警告指示灯、故障指示灯、温度挡位指示灯、温度挡位按键和冷风机开关键，如图 2-57 所示。

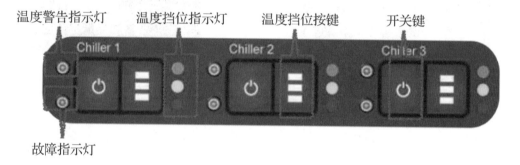

图 2-57　冷风机的控制面板

- 温度挡位指示灯蓝色亮起：低温 4℃，温度挡位按键底部格亮起。
- 温度挡位指示灯黄色亮起：中温 8℃，温度挡位按键中部格亮起。
- 温度挡位指示灯红色亮起：高温 16℃，温度挡位按键上部格亮起。
- 温度警告指示灯琥珀色亮起：偏离设定的温度，当冷风机回归设定温度后 12min，琥珀色灯熄灭。
- 开关键绿色：冷风机工作状态。
- 开关键蓝色：冷风机关闭状态。
- 开关键关闭：冷风机未接通电源。
- 故障指示灯红色闪亮或者稳定亮：冷风机故障，关闭冷风机电源。

（三）餐车与备份箱

A350 系列飞机厨房餐车与备份箱的使用方法与 A320 系列飞机相同。

（四）厨房电气设备

A350 系列飞机厨房配备了新型电气设备，包括煮水器、蒸汽烤箱、冰酒柜、保温箱、微波炉、综合咖啡机和烧水杯等。

1. 综合咖啡机

综合咖啡机开关键有 3 种不同颜色表示不同状态：蓝色——STANDBY OFF(待用)；绿色——ON(使用中)；琥珀色——FAULT(故障)，如图 2-58 所示。

图 2-58　综合咖啡机的结构

1—开关键；2—电路故障指示器；3—无水指示器；4—咖啡冲泡键；5—茶饮冲泡键；6—加温器键；
7—热水键；8—枕式包固定器；9—出水口；10—冲泡手柄；11—水壶

2. 烧水杯

烧水杯开关键有 3 种不同颜色表示不同状态：蓝色——STANDBY OFF(待用)；绿色——ON(使用中)；琥珀色——FAULT(故障)，如图 2-59 所示。

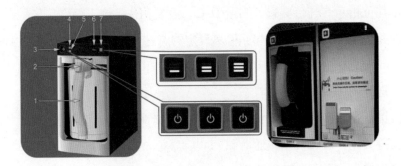

图 2-59　烧水杯的结构

1—壶体；2—水壶释放键；3—开关键；4—无水指示器；5—电路故障指示器；6—加注键；7—温度调节键

温度调节键不同状态：按一次键，一格亮，水温设定值为 38℃；按两次键，两格亮，水温设定值为 74℃；按 3 次键，三格亮，水温设定值为 91℃。

3. 冰酒柜

冰酒柜开关键有 3 种不同颜色表示不同状态：蓝色——STANDBY OFF(待用)；绿色——ON(使用中)；琥珀色——FAULT(故障)。

模式键每按压一次，将分别设定不同温度：一格亮为饮料冷却模式 (18℃)；两格亮为冰箱模式 (4℃)；三格亮为冷冻模式 (-18℃)，如图 2-60 所示。

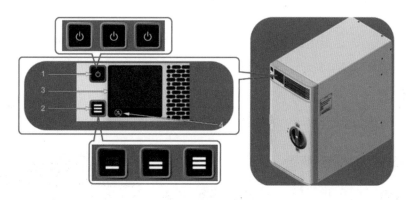

图 2-60　冰酒柜的结构

1—开关键；2—模式键；3—液晶显示器；4—电路故障指示器

4. 蒸汽烤箱

烤箱开关键有 3 种不同颜色表示不同状态：蓝色——STANDBY OFF(待用)；绿色——ON(使用中)；琥珀色——FAULT(故障)，如图 2-61 所示。

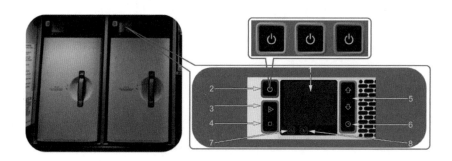

图 2-61　蒸汽烤箱的结构

1—液晶显示器；2—开关键；3—启动 / 暂停键；4—停止键；5—上下键；
6—时钟键；7—故障指示器；8—无水指示器

烤箱操作方法：按开关键，指示灯显示为绿色；按上下键进入烹饪程序；选择烘烤模式；按时钟键选择且确认时间；按启动 / 暂停键，开始加热餐食，此时显示器上显示剩余烘烤时间、烤箱内温度以及蓝色进度条，如图 2-62 所示。

图 2-62　蒸汽烤箱的操作流程

5. 保温箱

保温箱开关键有 3 种不同颜色表示不同状态：蓝色——STANDBY OFF(待用)；绿色——ON(使用中)；琥珀色——FAULT(故障)。

模式键每按压一次，将分别设定不同温度：一格亮为低温 (50℃)；两格亮为中温 (60℃)；三格亮为高温 (88℃)，如图 2-63 所示。

图 2-63　保温箱的结构

1—开关键；2—模式键；3—电路故障指示器；4—门闩锁

6. 微波炉

微波炉开关键有 3 种不同颜色表示不同状态：蓝色——STANDBY OFF(待用)；绿色——ON(使用中)；琥珀色——FAULT(故障)，如图 2-64 所示。

微波炉操作方法：按开关键，指示灯显示为绿色；通过时间调节键，选择需要加热的时间，然后按确认键；通过功率调节键，选择需要加热的功率，然后按确认键；再次按确认键，开始加热餐食，此时显示器上显示剩余加热时间。

7. 煮水器

煮水器开关键有 3 种不同颜色表示不同状态：蓝色——STANDBY OFF(待用)；绿色——ON(使用中)；琥珀色——FAULT(故障)；绿色闪烁——热水器没有足够的电力，

一旦电力充足，开关键会停止闪烁，如图 2-65 所示。

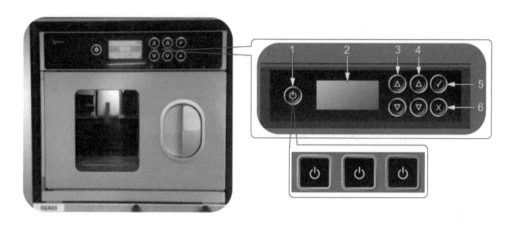

图 2-64　微波炉的结构

1—开关键；2—液晶显示屏；3—时钟调节键；4—功率调节键；5—确认键；6—取消键

水温指示：一格亮为 79.4℃；两格亮为 82.2℃；三格亮为 85℃，如图 2-65 所示。

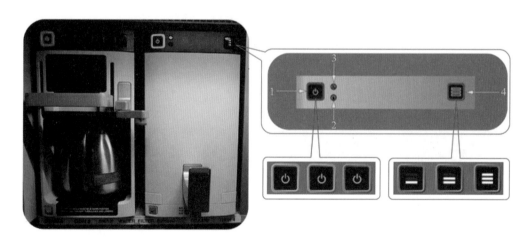

图 2-65　煮水器的结构

1—开关键；2—故障指示灯；3—缺水指示灯；4—水温指示

操作方法：按开关键启动，5～9min 可将冷水加热至 82℃，并保持水温。需要注意的是，当缺水指示灯亮起时，煮水器禁止使用。

练习题

1. A350 系列飞机厨房冷风机控制面板的位置在哪里？

2. A350 系列飞机厨房电气设备开关键通常有 3 种颜色，分别代表什么？

3. 烧水杯温度调节键三格亮，表示水温多少度？

4. 冰酒柜模式键有几挡温度？

5. 简述如何操作蒸汽烤箱。

6. 煮水器开关键绿色闪烁代表什么含义？

第三章
波音 737 系列飞机

　　波音 737 系列飞机是波音公司生产的中短程双发喷气式客机，自 1968 年投入商业运营以来，一直是最成功的窄体民航客机之一。波音 737 系列飞机已经发展了四代，分别是传统型 737(Original)、改进型 737(Classic)、新一代 737(737NG) 和 737MAX。

　　1993 年 11 月，波音公司启动波音 737-700 项目研发，直接取代 737-300；1994 年 9 月，波音公司再次启动波音 737-800 项目研发，在 737-700 的基础上加长机身，直接取代 737-400。新一代 737 以 737-800 为主力机型，这种飞机用途广泛，维护和运营成本更低，目前我国有 1200 多架；2017 年 5 月，第一架配备全新一代 CFM 发动机和先进翼梢小翼的 737MAX 系列 737-MAX-8 型飞机推出问世，进一步降低阻力，提高燃油效率。创新的波音"天空内饰"，使 737MAX 呈现出无与伦比的内在美，为波音飞机开启窄体单通道客机新时代。

　　波音 737MAX 与空中客车 A320neo 被称为目前最先进的单通道干线客机。本章重点介绍波音飞机的设备操作，同空客飞机通用的设备操作不再赘述。

第一节　飞机概述

一、飞机的基本数据

B737 系列飞机的技术参数，以 B737-800 和 B737-MAX-8 飞机为例，如图 3-1 所示。

技术参数	737-800	737-MAX-8
机长/m	39.5	39.6
机高/m	12.5	12.3
翼展/m	35.8	35.9
最大航程/km	5049	6510
最大飞行高度/ft	41000	41000
巡航速度/(km/h)	860	842
最大座位数	189	210

图 3-1　B737-800 和 B737-MAX-8 技术参数

二、飞机客舱的布局

B737 系列飞机，以某航空公司 B737-800 飞机的两舱位布局为例：客舱总座位数为 167 个，其中头等舱座位 8 个，布局为 2-2；经济舱座位 159 个，布局为 3-3。此外，飞机上还配有两个厨房和 4 个卫生间，如图 3-2 所示。

头等舱: 1~3排; 12个座位　　经济舱: 11~35排; 147个座位

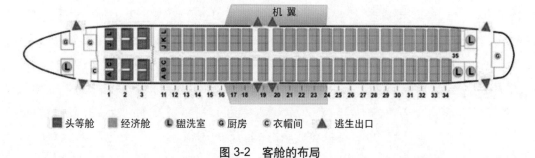

图 3-2　客舱的布局

以 B737-MAX-8 飞机的全经济舱布局为例：客舱总座位数为 189 个，布局为 3-3。飞机上还配有两个厨房和 3 个卫生间，如图 3-3 所示。

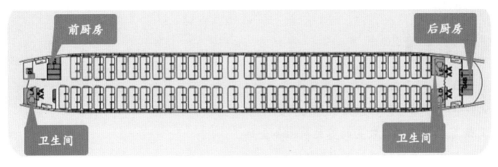

图 3-3　全经济舱的布局

三、辅助动力装置

辅助动力装置 (Auxiliary Power Unit，APU) 安装在飞机尾部尾椎内，在飞机没有外接电源和气源且发动机不工作的情况下，可以为飞机提供电力和空调空气。在空中它可以作为发动机的备份电源和气源，它并不产生推力。

四、电源

电力系统为飞机提供 115V 交流电和 28V 直流电。飞机在空中出现单发停车时，飞机厨房内的电源会自动切断。飞机在地面时，可以用地面外接电源车、发动机的附件发电机或者 APU 作为电源来源。

五、客舱增压

正常情况下，飞机增压系统的气源由发动机提供，辅助动力装置也可为飞机提供备份气源。飞机在高空中飞行时，为保证机上人员在高空中生存需求，飞机客舱采用的是密封增压结构，气压是随着飞机高度的变化而变化的。

飞机密封增压的部分称为密封舱，增压空气来源是飞机外部大气层。外部空气通过发动机内的压气机，经压缩加压、减温、过滤等一系列复杂过程后由飞机的空调组件调温调压后输送到客舱。飞机从地面起飞升空，随着高度不同，客舱内的气压也随之发生变化。飞机一般以"客舱高度"来表示客舱压力，客舱增压通常是自动控制的，当飞机达到最高升限 12300m 时，客舱高度 (客舱内气压高度) 不超过 8000ft /(2438m)。

六、飞机货舱

飞机货舱由前货舱、后货舱和散货舱组成。货舱为窒息式增压舱，既可装集装箱也可装货盘。

练习题

1. B737 系列飞机最大飞行高度是多少？

2. B737-MAX-8 飞机最大航程是多少？

3. 请写出辅助动力装置的英文简称和全称。

4. 飞机客舱高度的含义是什么？

5. 飞机达到最高升限时，客舱高度是多少？

6. B737-800 飞机的两舱位布局的客舱座位总数是多少？

7. B737-MAX-8 飞机的全经济舱布局的客舱座位总数是多少？

第二节　飞机舱门及出口

B737NG 和 B737MAX 飞机，均配备 4 个舱门和 4 个应急出口，每个舱门和出口都有一套完整开启/关闭舱门操作设施。通常情况下，左侧舱门是登机门，供乘客和机组人员上下飞机使用，其中 L1 门为主登机门；右侧舱门是勤务服务门，供装卸食品车、清洁车、病人升降梯等车辆使用。紧急情况下，所有舱门和出口都可以做应急撤离出口使用，如图 3-4 所示。

图 3-4　飞机的出口

一、舱门的组成结构

B737 系列飞机舱门是由滑梯预位警示带、观察窗、舱门操作手柄、滑梯压力指示表、滑梯包、滑梯杆、滑梯挂钩、地板支架和辅助手柄等组成，如图 3-5 所示。

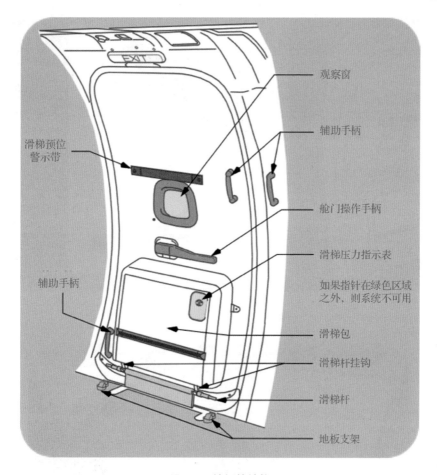

观察窗

辅助手柄

滑梯预位
警示带

舱门操作手柄

滑梯压力指示表

如果指针在绿色区域
之外，则系统不可用

辅助手柄

滑梯包

滑梯杆挂钩

滑梯杆

地板支架

图 3-5　舱门的结构

二、舱门设备功能介绍

（一）滑梯预位警示带

滑梯预位警示带为红色，安装在每个舱门的观察窗处，用于提示机舱内外的工作人员，滑梯杆与地板支架是否连接。当警示带斜挂于观察窗处时，表示滑梯杆与地板支架连接，滑梯处于预位状态，打开舱门，滑梯会自动展开；当警示带平行于观察窗上方时，表示滑梯杆挂在滑梯挂钩上，如图 3-6 所示。

（二）阵风锁

B737 系列飞机每个舱门门框内都配有阵风锁装置，用于固定舱门，防止舱门移动受损。当关闭舱门时，一边按住阵风锁，一边向内拉动舱门操作手柄，如图 3-7 所示。

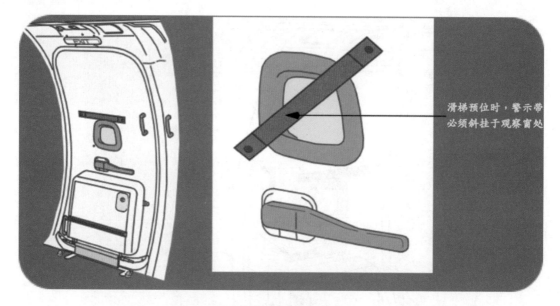

图 3-6 滑梯预位警示带

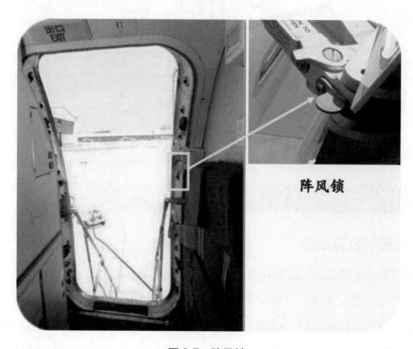

图 3-7 阵风锁

（三）滑梯压力指示表

撤离滑梯存放在滑梯包中，应急撤离时，滑梯从滑梯包中展开充气，由一次性气瓶向滑梯内充气。气瓶上有滑梯压力指示表，在正常待用状态下，压力指示表的指针应在绿色区域，如图3-8所示。

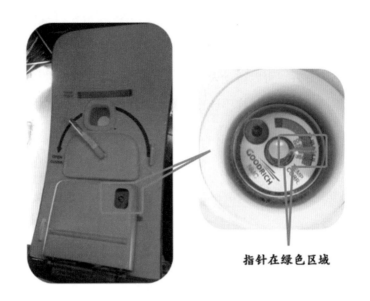

指针在绿色区域

图 3-8　滑梯压力指示表

（四）滑梯杆、滑梯杆挂钩与地板支架

滑梯杆是用于操作滑梯预位或解除预位的操作杆。当滑梯杆挂在滑梯杆挂钩上时，滑梯处于解除预位状态；当滑梯杆挂在地板支架上时，滑梯处于预位状态，如图 3-9 所示。

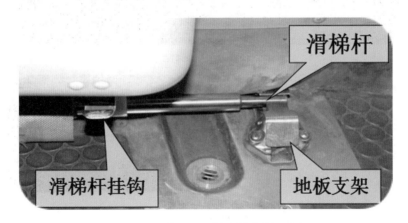

滑梯杆

滑梯杆挂钩

地板支架

图 3-9　滑梯杆、滑梯杆挂钩与地板支架

其他舱门设备，如门栏绳、辅助手柄、观察窗等，操作方法与空客飞机相同。

三、滑梯的操作

B737 系列飞机每个舱门都配有撤离滑梯，正常情况下，滑梯杆放在滑梯包底部的滑梯杆挂钩上。飞机在滑行前，滑梯杆要从滑梯杆挂钩中取下，并挂入地板支架中。在整个飞行过程中，不得从地板支架中取出滑梯杆，直至飞机落地完全停稳后，方可将滑梯杆放回滑梯包底部的滑梯杆挂钩上。

当滑梯杆在地板支架中时打开舱门，滑梯会自动充气展开。滑梯展开时间大约需要5s。如果滑梯自动充气失效，可以拉动人工充气手柄给滑梯充气，若仍然无法充气，则滑梯无法使用。水上迫降时，撤离滑梯不能作为救生船使用，但可以当作漂浮装置使用。

（一）滑梯预位操作

① 将红色警示带斜扣在观察窗前。

② 将滑梯杆从舱门滑梯包的滑梯杆挂钩中取下，挂入地板支架中。

（二）解除预位操作

① 将滑梯杆从地板支架上取出，挂在舱门滑梯包的滑梯杆挂钩中。

② 将红色警示带平扣在观察窗上方，如图 3-10 所示。

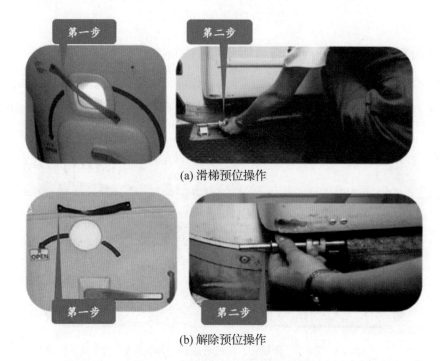

(a) 滑梯预位操作

(b) 解除预位操作

图 3-10　滑梯预位与解除预位操作

四、舱门的操作

B737 系列飞机舱门是向内向外开启的塞式门(Inward-outward opening plug-type doors)。开门时，门先向内移动，然后向外向前推。在每个舱门口旁都有一个专用的辅助空间(Dedicated assist space)，在紧急撤离过程中，乘务员抓住舱门辅助手柄，站在专用辅助空

间里，以免阻挡舱门口。

（一）舱门内部正常开启

① 确认滑梯杆挂在滑梯杆挂钩上。

② 确认红色警示带位于观察窗上方。

③ 观察舱外无烟、无火、无障碍。

④ 将舱门操作手柄按箭头指示方向转动180°至水平位置，舱门会向内转动。

⑤ 抓住辅助手柄向外推动舱门，直至舱门被阵风锁锁住，如图 3-11 所示。

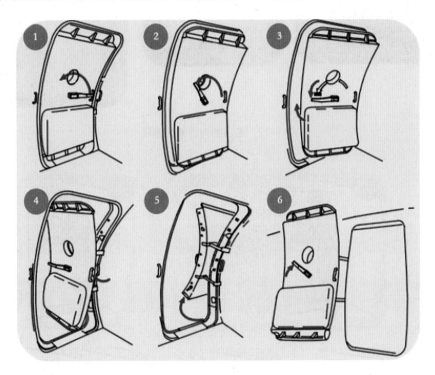

图 3-11　舱门的内部开启流程

（二）舱门内部正常关闭

① 向下按住阵风锁。

② 抓住舱门辅助手柄，将舱门拉至舱内。

③ 将舱门操作手柄按箭头指示的反方向转动180°至水平位置，关好舱门。

④ 检查舱门状况，确认舱门周围没有任何夹杂物，如图 3-12 所示。

（三）舱门外部正常开启

① 透过观察窗确认红色警示带没有斜挂在观察窗前。

② 向外拉出外部舱门操作手柄。

③ 将手柄沿"OPEN"方向旋转 180°。

④ 将舱门向机头方向拉到全开位置，直至被阵风锁锁住，如图 3-13 所示。

图 3-12　舱门的内部关闭流程

图 3-13　舱门的外部开启流程

（四）舱门外部正常关闭

① 按下阵风锁并保持住，待舱门转动后再松开。

② 将舱门操作手柄按箭头指示的反方向转动。

③ 将舱门推回至舱内。

④ 将舱门外部控制手柄反方向旋转 180°，将舱门关好，将手柄复位至与舱门平齐。

⑤ 检查舱门关闭状况，确认舱门没有任何夹杂物，如图 3-14 所示。

图 3-14　舱门的外部关闭流程

五、应急出口

B737NG 和 B737MAX 飞机配有 4 个 III 型翼上应急出口 (Over wing emergency exits)，机身两侧各有两个，可从内部用出口顶部的弹簧手柄打开，或者从外部通过推通风板盖板打开。

飞行锁定系统在飞机从起飞到降落的整个航程中，会自动锁定应急出口，防止人员有意或无意打开出口。飞机在地面时，锁定系统会解锁，以便在紧急情况下能够打开出口。飞行锁定系统的锁定和解锁命令取决于发动机转速、推力杆位置、空中或地面模式状态以及舱门开启或关闭状态。

应急出口操作方法如图 3-15 所示。

① 通过舷窗观察出口外无烟、无火、无障碍。

② 取下透明盖板。

③ 向下向内拉动红色手柄。

④ 出口向外自动打开。

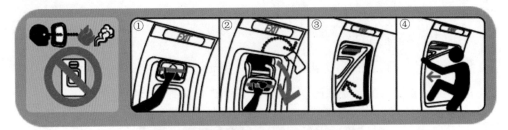

图 3-15　翼上应急出口

六、应急撤离路线

应急撤离时，可以通过 4 个舱门和 4 个翼上应急出口撤离飞机。机组人员也可以通过驾驶舱的两个逃离窗撤离飞机。需要注意，水上迫降时，B737 系列飞机由于机型设计的原因，L2 门和 R2 门将置于水面之下，故不能开启，如图 3-16 所示。

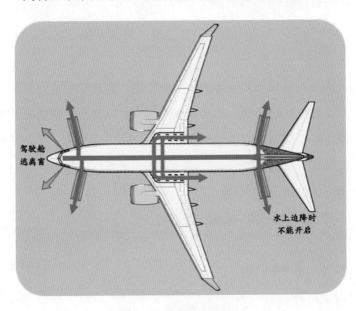

图 3-16　应急撤离路线

练习题

1. B737-800 型飞机有多少个出口?

2. 简述 B737-800 型飞机舱门的组成结构。

3. 红色警示带的作用是什么?

4. 简述 B737-800 型飞机操作滑梯预位的方法。

5. 阻拦绳的作用是什么?

6. 简述从内部正常关闭舱门的方法。

7. 简述打开翼上出口的操作方法。

8. 简述从外部开启舱门的方法。

第三节　客 舱 内 部

B737NG 和 B737MAX 飞机客舱采用了"天空内饰"设计,天花板是柔和的弧线形,提升了整体客舱环境的美感,给旅客更加宽敞的感觉,如图 3-17 所示。客舱侧壁经过优化设计后,飞行中可以降低舱内噪声,使客舱更安静。此外,客舱娱乐系统、厨房、卫生间等方面的改进,都体现出波音飞机富有现代感和舒适性的设计理念。

图 3-17　B737NG 和 B737MAX 飞机客舱

一、驾驶舱

(一)驾驶舱的布局

B737 系列飞机驾驶舱人员配备,按照 ICAO 机组人员配置惯例为两人制,一名机长和一名副驾驶。根据工作需要可增配一名或者两名观察员。机组座椅分布与座椅操作同空客 A320 系列飞机相似。

（二）驾驶舱门监视系统

B737 系列飞机装配驾驶舱门监视系统。飞行员在不影响飞行操作的前提下，通过监视系统对驾驶舱门周围进行全方位无死角观察，如图 3-18 所示。

图 3-18　驾驶舱门监视系统

二、客舱行李箱

（一）旅客头顶上方行李箱

行李箱位于客舱两侧的旅客座椅上方。B737NG 和 B737MAX 型飞机为下沉式行李箱，如图 3-19 所示，改进型 B737 系列飞机配备盖板式行李箱，用于存放机上毛毯、枕头和旅客随身行李，个别行李箱也用于放置部分机上应急设备。

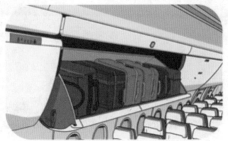

图 3-19　客舱座椅上方的行李箱

（二）行李箱锁扣

每个行李箱锁扣均有明显的开关指示，便于迅速确认行李箱是否扣好。开启行李箱时，可从侧边和上下边处看到红色指示，扣好行李箱时，则看不到红色指示，如图 3-20 所示。

（三）客舱中部上方行李箱

B737NG 和 B737MAX 型飞机的客舱中央上方可以选配行李箱，长约 50in，宽 23in，

深 7.5in，容量为 5ft³，如图 3-21 所示。

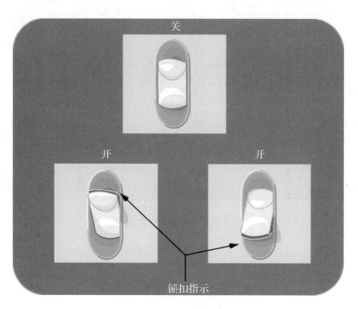

图 3-20　行李箱锁扣

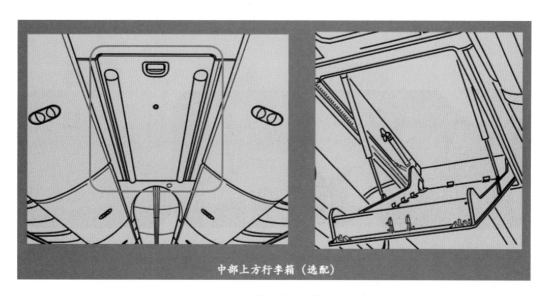

中部上方行李箱（选配）

图 3-21　客舱中部上方的行李箱

三、储物柜与衣帽间

　　B737 系列飞机客舱中，配备多种尺寸和样式的储物柜和衣帽间，用于存储急救用品、应急设备、服务用品或者乘客行李衣物等，如图 3-22 所示。

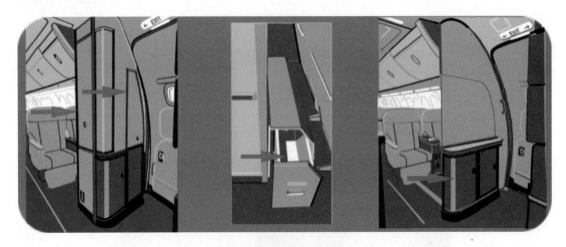

图 3-22　储物柜与衣帽间

四、隔板与门帘

B737 系列飞机客舱中，不同区域及不同舱位之间安装有门帘或者隔板，起到分隔舱位和乘务员厨房工作期间避开旅客视线的作用。部分机型的隔板上装有观察窗，便于乘务员观察客舱状况，如图 3-23 所示。

图 3-23　隔板与门帘

五、旅客座椅

B737 系列飞机客舱里配备 3 人一组的经济舱座椅组件，如图 3-24 所示。

旅客座椅上配有座椅头枕、可调节座椅靠背、靠背调节按钮、座椅扶手、小桌板、安全带、行李挡杆和救生衣储藏盒等。使用方法与空客飞机旅客座椅相同。

图 3-24　旅客座椅

六、旅客服务组件

旅客服务组件 (PSU) 位于头顶上方行李架的底部，每组 PSU 包括通风口、LED 阅读灯及其开关、呼唤铃按钮及呼唤铃灯、旅客信息指示灯、扬声器、氧气面罩组件等，如图 3-25 所示。

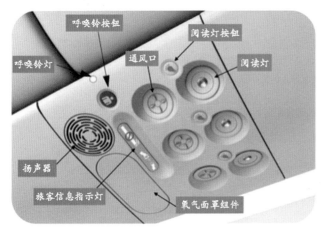

图 3-25　PSU 组件

① 通风口：旋转可以调节空调出风量，旅客可以根据自身需求调节舒适的风量。

② 阅读灯：配有开关，为旅客阅读提供额外独立照明。

③ 呼唤铃按钮：当需要乘务员帮助时，可按此按钮呼唤乘务员，蓝色呼叫灯会亮起。

④ 信息指示标牌：包括"请勿吸烟"和"系好安全带"指示灯，由驾驶舱控制，每次指示灯亮起时伴随有单弦音声响。

⑤ 扬声器：播放客舱广播。

⑥ 氧气面罩组件：每个氧气面罩组件里有 4 个氧气面罩，客舱释压时为旅客提供应急呼吸氧气，保证旅客生命安全。

七、乘务员座席

B737 系列飞机的乘务员座席有 6 个，位于前后登机门区域，均为双人座椅。座椅设计为无人时自动回到收起位置，配有可调节腰带、安全肩带以及整体式防冲撞头枕，如图 3-26 所示。

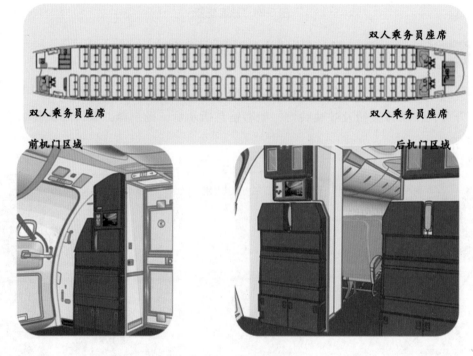

图 3-26　乘务员座席

练习题

1. B737 系列飞机客舱门帘的作用是什么？

2. 旅客服务组件包含哪些设备？

3. 如何确定飞机行李箱已经关好？

4. B737NG 型飞机客舱行李箱在什么位置？

5. 说出至少 5 种旅客座椅的服务设施。

6. B737NG 型飞机有几个乘务员座席？位于什么位置？

第四节　客舱通信系统

一、总体概述

B737NG和B737MAX型飞机的客舱通信系统包括客舱内话、客舱广播、呼唤铃指示灯、旅客呼唤铃、卫生间呼叫和旅客信息指示。

二、客舱内话机

B737NG 和 B737MAX 型飞机客舱内话系统是分布式通话系统，包含驾驶舱通话器、乘务员座席处通话器和内外部勤务通话插孔。

（一）客舱内话系统通信连接

① 驾驶舱呼叫乘务员通话。

② 乘务员呼叫驾驶舱通话。

③ 乘务员座席之间呼叫通话。

④ 客舱广播。

（二）客舱内话机的分布位置

① 前客舱登机门区域乘务员执勤座席处一部。

② 后客舱登机门区域乘务员执勤座席处一部。

③ 后客舱服务门区域乘务员执勤座席处一部，如图 3-27 所示。

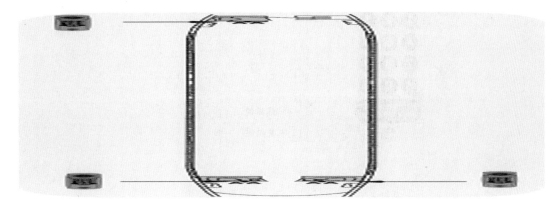

图 3-27　内话机的分布

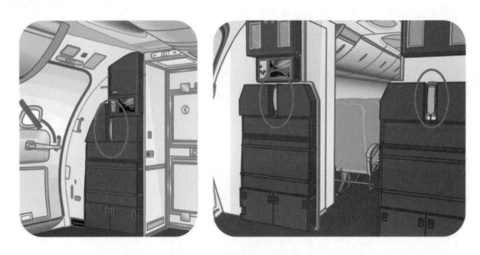

图 3-27　内话机的分布（续）

（三）内话机的介绍

　　与空客飞机不同，B737 系列飞机的内话机上是数字按键，通过按压不同数字向不同区域拨打内话，如图 3-28 所示。

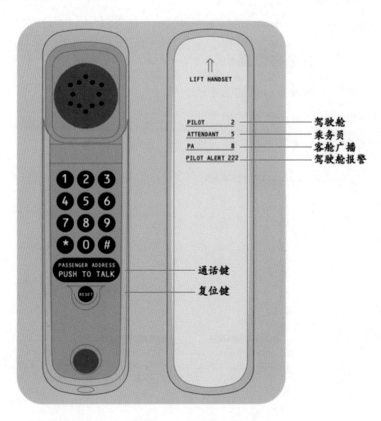

图 3-28　内话机的结构

（四）内话机的操作

取下内话机，按要通话区域的相应按键，可以实现客舱内话呼叫功能。在使用客舱内话呼叫时无须按"Push To Talk"键即可通话。

1. 呼叫乘务员

摘下内话机，按"5"键，呼叫乘务员。当看到粉色客舱乘务员呼叫指示灯亮起、听到高低谐音时，摘下内话机直接通话。通话结束后按内话机的"RESET"键，将内话机复位。

2. 呼叫驾驶舱

摘下内话机，按"2"键，呼叫驾驶舱。通话结束后，按"RESET"键，将内话机复位。

3. 客舱广播

摘下手持话机，按"8"键，然后按住"Push To Talk"键并保持住，可进行客舱广播。广播结束后，按"RESET"键，将内话机复位。

三、客舱广播

客舱广播是驾驶舱、客舱乘务员或者预录广播系统向旅客进行的广播。娱乐系统的声音信号以及登机音乐都可以通过客舱广播系统播放。当飞机处于飞行过程中时，客舱广播音量会自动提高以保证广播清晰可闻。当客舱发生紧急释压时，客舱广播自动调节至最大音量。

（一）客舱广播的顺序级别

客舱广播具有优先级顺序，高优先级广播可以取代低优先级广播。当客舱广播系统工作时，若有更高优先级广播接入，低优先级的广播将被中断甚至停止。其顺序如下。

- 驾驶舱广播优先。
- 乘务员广播其次。
- 预录广播再次。
- 登机音乐最低。

（二）客舱广播的操作

① 提起内话机。

② 按数字键"8"。

③ 按"Push To Talk"键并保持住。

④ 对准送话器进行广播。

⑤ 按 "RESET" 键结束广播，将内话机复位。

四、呼叫灯系统

呼叫灯位于每个出口标识牌的下方。有 3 种不同的颜色，分别代表机组或乘务员呼叫、旅客呼叫和卫生间呼叫，如图 3-29 所示。

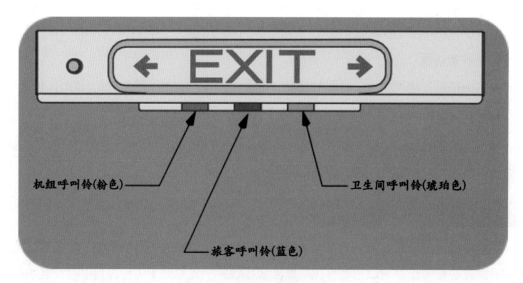

机组呼叫铃(粉色)　　　　　　　　　　卫生间呼叫铃(琥珀色)

旅客呼叫铃(蓝色)

图 3-29　呼叫灯

其中，粉色灯亮起表示收到驾驶舱或其他乘务员座席呼叫；蓝色灯亮起表示有旅客按下了旅客呼叫铃；琥珀色灯亮起表示有来自卫生间的呼叫。

五、旅客信息指示系统

FASTEN SEAT BELTS(系好安全带)、RETURN TO SEAT(返回座位)、NO SMOKING (禁止吸烟) 等旅客信息指示牌是由驾驶舱手动或自动控制的。当飞行员选择自动时，起飞过程中飞机襟翼完全收起后 "FASTEN SEAT BELTS" 和 "RETURN TO SEAT" 自动熄灭，落地过程中飞机起落架放下且襟翼放出时，该指示灯重新亮起。若飞行过程中遇有颠簸，飞行员会手动打开 "FASTEN SEAT BELTS" 指示灯。

（一）旅客服务信息指示牌组件

NO SMOKING(禁止吸烟) 和 FASTEN SEAT BELT(系好安全带) 信息指示牌安装在每个旅客座椅上方的旅客服务组件内。当该指示牌亮起或熄灭时，都伴随有单低谐音。而 NO SMOKING(禁止吸烟) 指示牌在飞行全程中常亮，如图 3-30 所示。

图 3-30　禁止吸烟指示牌

（二）RETURN TO SEAT

RETURN TO SEAT 是返回座位信息指示牌，按需求安装于卫生间区域或其他客舱区域。当该指示灯亮起时指示牌清晰可见，如图 3-31 所示。

图 3-31　返回座位指示牌

（三）LAVATORY OCCUPIED

LAVATORY OCCUPIED 是卫生间使用中指示牌，安装在客舱顶板中部卫生间对应处，当相应卫生间在使用中时，该指示灯亮起为红色，提示旅客卫生间正在使用中。当污水系统到达满位时，乘务员控制面板提示卫生间不可用，乘务员需人工锁闭卫生间，此时该指示灯亮起，如图 3-32 所示。

图 3-32　卫生间使用指示牌

练习题

1. B737 系列飞机客舱通信系统包括哪些设备？

2. B737NG 系列飞机有几部内话机？在什么位置？

3. B737NG 系列飞机如何使用内话机呼叫驾驶舱？

4. B737MAX 型飞机如何使用内话机进行客舱广播？

5. B737MAX 型飞机如何使用内话机呼叫乘务员？

6. 客舱广播顺序级别是什么？

7. 呼叫灯系统中不同颜色灯代表的含义是什么？

8. RETURN TO SEAT 和 LAVATORY OCCUPIED 分别表示什么含义？

第五节 客舱控制面板

B737NG 和 B737MAX 型飞机乘务员控制面板集成了多个客舱控制和监控功能。乘务员通过 ACP 可以对客舱灯光、旅客服务、客舱环境等进行监控和操作。

一、乘务员控制面板

以 B737-MAX-8 型飞机为例，有两块乘务员控制面板 (Attendant Control Panel，ACP)，分别位于 L1 门和 L2 门处乘务员座席上方，如图 3-33 所示。

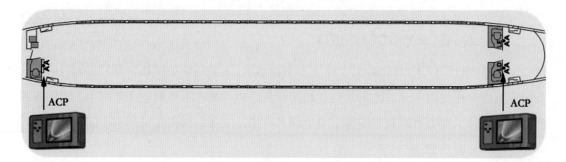

图 3-33 乘务员控制面板位置

ACP 由两部分组成，即集成式物理按键面板和触摸显示屏，如图 3-34 所示。不同航空公司在选购 B737 系列飞机时，集成式物理按键和触摸显示屏的位置及数量会略有不同，但通常不会有过多差异。

（一）集成式物理按键面板

集成式物理按键面板 (Integrated Switch Assembly，ISA) 根据航空公司选配要求，通常包括超温关闭 LED 指示灯、地面勤务电源开关、应急灯开关以及自备梯开关等按键，如图 3-35 所示。

① 超温关闭 LED 指示灯：若琥珀色灯常亮，表示面板超温；若琥珀色灯闪烁，表示面板内部故障或正在关闭中。

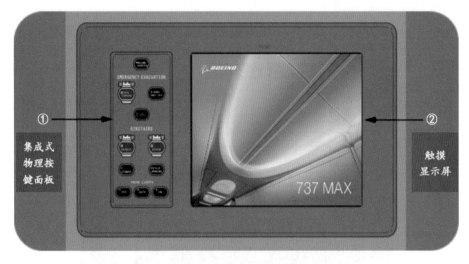

图 3-34　控制面板的组成结构

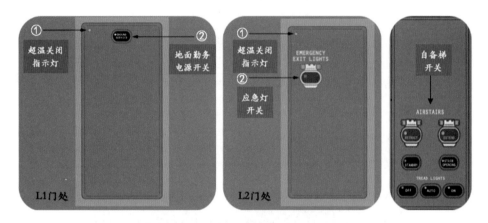

图 3-35　集成式物理按键面板

② 地面勤务电源开关：通常仅供机务使用，用于接通飞机外部地面电源。

③ 应急灯开关：该开关有透明的塑料弹簧保护盖，使用时必须抬起保护盖方可按压按键，可有效避免误操作。按压该按键时，客舱内应急灯光亮起，同时按键左上部分 LED 指示灯也会红色灯常亮。

④ 自备梯开关：用于展开和收起飞机自备梯。

（二）LED 触摸显示屏

1. 显示屏的布局

LED 触摸显示屏分为软性触摸键和图形化显示两部分。其中，软性触摸键用于激活和控制客舱灯光、客舱温度环境、旅客娱乐、维护和加载其他软件等；图形化显示可以显示客舱灯光布局、清水量与污水量，并对部分功能进行直观操作，如图 3-36 所示。

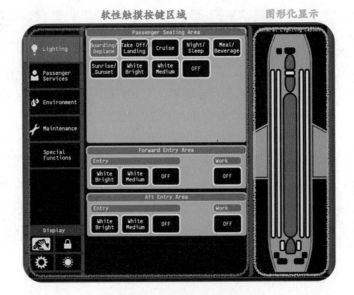

图 3-36　触摸显示屏的界面

　　飞机首次通电时，乘务员控制面板中旅客座椅区域照明、入口灯光、工作灯、客舱温度、娱乐系统电源等会设置为相应的默认设置，乘务员根据实际工作需要进行相应调整。

　　2. 显示屏的内容

　　触摸显示屏可以按照四部分内容进行划分：第一部分为主菜单，第二部分为控制功能菜单，第三部分为图形化显示，第四部分为显示屏控制，如图 3-37 所示。

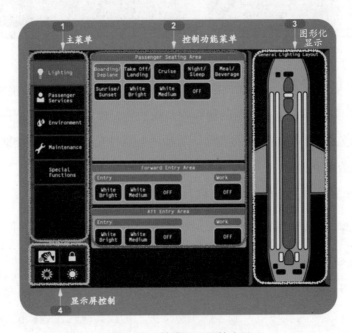

图 3-37　触摸显示屏的介绍

① 主菜单的软性触摸键根据加载的软件不同，通常包括客舱灯光、旅客服务、客舱环境、维护以及其他选装功能等。

② 控制功能菜单是对主菜单内容进行具体操作。

③ 图形化显示可以对客舱灯光场景进行选择。

④ 显示屏控制包括清洁屏幕、锁定屏幕及亮度控制操作。当触摸清洁屏幕功能软性键时，屏幕会显示图 3-38(a) 所示的画面，此时屏幕中会显示 30 ~ 0 的倒数数字，当数字为 0 时，屏幕恢复正常状态；当触摸锁屏功能软性键时，屏幕会显示图 3-38(b) 所示的锁屏画面，退出锁屏画面，只需要触摸屏幕任意两个角落 3s 即可；当触摸屏幕亮度调节功能软性键时，能使屏幕显示 40%、60%、80% 和 100% 的亮度。

(a) 清洁屏幕

(b) 锁定屏幕

图 3-38　清洁屏幕与锁定屏幕界面

二、灯光系统

B737NG 和 B737MAX 型飞机的灯光系统包括客舱照明、飞机外部照明和应急照明。灯光照明采用了凹形发光二极管，由多种 LED 灯、荧光灯和白炽灯组成，根据不同的飞行或服务阶段，可选择多种模式灯光，以提升旅客的舒适感。

(一) 灯光系统的界面

通过控制客舱顶灯、行李架灯、侧壁板灯、穹顶灯、进入区域照明灯、乘务员工作区照明灯等一系列灯光来调整客舱灯光的照明亮度。客舱旅客座位区域、前舱进入区域和后舱进入区域的灯光均可独立调节控制。需要注意的是，当 ACP 故障时，客舱灯光控制默认为 30% 亮度白色 LED 灯光，而白炽灯全部关闭。在软性触摸键区域，点击所选的按钮后，该按钮会显示成蓝色。

1. 旅客座椅区域灯光控制界面

客舱旅客座椅区域灯光控制系统一般预设置有 9 种场景，如图 3-39 所示。

① 登机 / 离机场景 (Boording/Deplane)

② 起飞 / 着陆场景 (Take off / Landing)

③ 巡航场景 (Cruise)

④ 夜间 / 休息场景 (Night/Sleep)

⑤ 供餐 / 茶点场景 (Meal/Beverage)

⑥ 日出 / 日落场景 (Sunrise/Sunset)

⑦ 白亮场景 (White Bright)

⑧ 白暗场景 (White Medium)

⑨ 关闭 (Off)

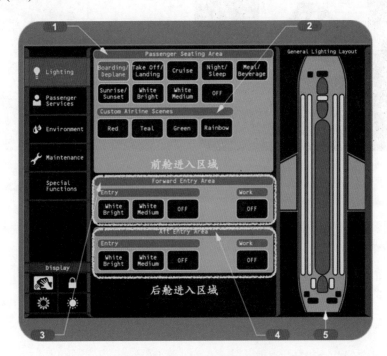

图 3-39 灯光系统界面的介绍

1—旅客座椅区域灯光控制界面；2—定制场景灯光控制界面；3—前舱进入区域灯光控制界面；
4—后舱进入区域灯光控制界面；5—灯光图形化显示界面

2. 定制场景灯光控制界面

飞机可以根据航空公司的个性化需求，附加 4 个自定义灯光场景。如果航空公司没有定制需求，则该灯光控制界面不会显示在 ACP 上，如图 3-40 所示。

图 3-40　定制场景灯光控制

1—旅客座椅区域灯光控制界面；2—定制场景灯光控制界面；3—前舱进入区域灯光控制界面；
4—后舱进入区域灯光控制界面；5—灯光图形化显示界面

3. 前舱和后舱进入区域灯光控制界面

前舱和后舱进入区域灯光控制设置有以下软性触摸式按键，即白亮、白暗、关闭。同时，前舱和后舱乘务员工作区域照明灯也可在该控制界面开启或关闭，如图 3-41 所示。

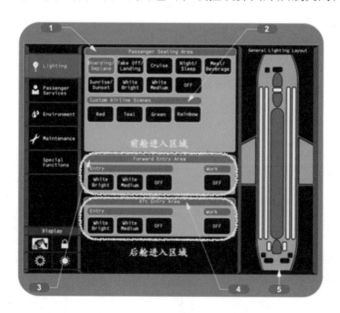

图 3-41　前 / 后舱进入区域灯光控制

1—旅客座椅区域灯光控制界面；2—定制场景灯光控制界面；3—前舱进入区域灯光控制界面；
4—后舱进入区域灯光控制界面；5—灯光图形化显示界面

4.灯光的图形化显示界面

以图形显示当前客舱灯光的状态和场景。显示为蓝色的区域，表示该区域有相应灯光场景选择，如图 3-42 所示。

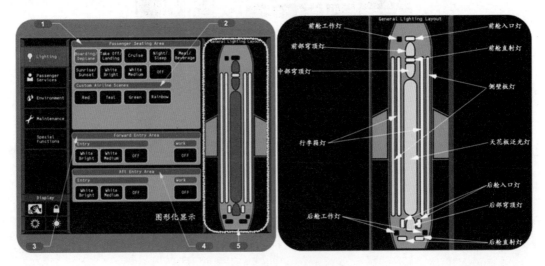

图 3-42　灯光的图形化显示

1—旅客座椅区域灯光控制界面；2—定制场景灯光控制界面；3—前舱进入区域灯光控制界面；
4—后舱进入区域灯光控制界面；5—灯光图形化显示界面

（二）客舱灯光的介绍

1.天花板、行李架和侧壁板灯光

LED 天花板灯位于行李架上方，为客舱提供彩色照明；行李箱灯为白色，可以照亮对面区域内的行李箱门；侧壁板灯为彩色 LED 灯，为客舱区域提供彩色泛光，如图 3-43 所示。

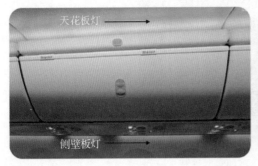
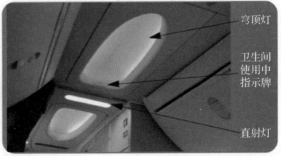

图 3-43　客舱灯光组成

2. 入口区域灯光

入口区域灯光由 LED 穹顶灯光和 LED 直射灯光组成。在前、后穹顶灯的中间安装有卫生间使用中指示牌。

3. 卫生间灯光

卫生间使用多个 LED 灯提供照明。卫生间顶板上装有一个白色主灯，卫生间镜子侧面装有一个白色主灯。镜子上方或侧面装有一个蓝色的强光灯。镜子的侧面还装有一个白色的辅助灯。

飞机在地面接通地面勤务电源时，卫生间主灯一直处于高亮状态。当飞机处于飞行状态时，卫生间主灯会根据卫生间门开闭状态自动切换亮暗。

4. 厨房区域灯光

在前舱门上方装有一个荧光灯，可以为前厨房提供照明，该照明灯由安装在厨房里的控制电门单独控制，有关、暗亮、明亮 3 个挡位可供选择。后厨房区域则是由后客舱进入区域灯光提供照明的，该照明灯光由客舱乘务员面板控制。

5. 储物柜灯光

客舱储物柜内的照明由储物柜内的灯管提供，储物柜门上装有独立的电门控制储物柜内的灯光。但储物柜打开时灯会自动亮起，关闭时灯会自动熄灭。

（三）备用灯光

备用灯光位于前客舱进入区域和后客舱进入区域，由 LED 灯组成，可以在飞机没有全面通电之前为客舱乘务员面板区域提供照明。该灯光无须乘务员做任何控制。其中，一组彩色 LED 灯为应急出口区域提供泛光照明；一组单独的白色 LED 灯可以单独照亮应急出口开启手柄和应急出口操作指示牌。

（四）应急灯光

应急灯光是应急撤离引导系统组件，为机上人员撤离飞机时提供撤离路线照明。主要包括应急出口方向指示灯和飞机内外部应急逃生通道照明灯光。应急出口方向指示灯和应急逃生通道照明灯主要为旅客指明逃生通道。每个逃生出口处还配备有电池供电的应急出口标志灯。

该系统通常由位于驾驶舱里的一个开关控制，该开关通常要求放置在预位状态。在此状态下，一旦飞机失去电力系统，所有内外部应急灯光将会点亮，为旅客指明应急逃生通道。飞行员也可通过该开关直接开启全部应急灯光。

1. 乘务员控制面板应急灯开关

乘务员控制面板应急灯开关为带保护盖的按压式开关，当开关上红色指示器亮起时，所有应急灯光打开，无须驾驶舱开关控制；当开关上红色指示器熄灭时，如果驾驶舱控制开关未打开的情况下，所有应急灯光熄灭。

2. 客舱内部应急灯光

客舱内每个应急出口位置的顶板处都配备应急出口方位标识。客舱行李箱上方顶板处还装有通道照明灯为逃生通道提供照明。在机舱过道两侧的地板上配有荧光应急逃生路线指示灯带，当逃离通道上方所有光源被烟雾遮挡或熄灭后，应急逃生路线指示灯带能够指引应急逃生的路线，如图 3-44 所示。

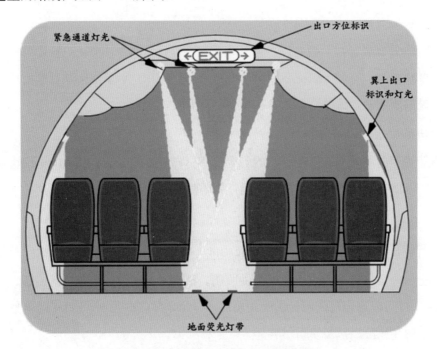

图 3-44　客舱内部应急灯光的组成

3. 客舱外部应急灯光

客舱外部应急灯光包括撤离滑梯照明灯、滑梯底部灯光以及翼上逃生通道照明灯。撤离滑梯照明灯安装在应急出口和舱门后方，为滑梯表面和滑梯周围地面提供照明；当滑梯释放后，滑梯底部的灯光也可为滑梯周围地面提供额外照明；机身两侧各安装有 3 个翼上逃生通道照明应急灯，为翼上逃生通道提供照明，同时为相应地面区域提供照明，如图 3-45 所示。

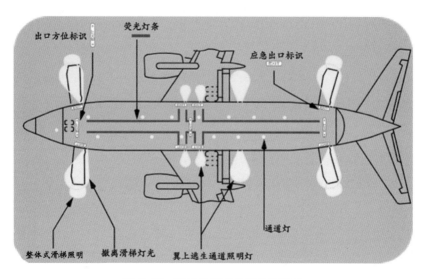

图 3-45　客舱外部应急灯光的组成

三、旅客服务系统

旅客服务菜单为选配菜单，航空公司可以根据需要选配。旅客服务控制界面包括娱乐系统开关、电源插座开关、机上网络开关和客舱就绪开关等功能。ON 显示为蓝色；OFF 显示为黑色，如图 3-46 所示。

图 3-46　旅客服务系统界面

1—娱乐系统开关；2—电源插座开关；3—机上网络开关；4—客舱就绪开关

① 娱乐系统开关 (Entertainment)：显示当前飞行中娱乐系统的状态。ON 表示系统已通电；OFF 表示系统电源关闭。

② 电源插座开关 (PC Power)：显示当前电源插座状态。ON 表示电源已通电，旅客可以使用机上插座为计算机等设备充电；OFF 表示电源关闭，此时旅客无法为计算机等设备充电。

③ 机上网络开关 (Cell Phone)：显示当前机载蜂窝网络状态。ON 表示已经打开机载网络，旅客可以使用机上网络上网；OFF 表示机载网络关闭。

④ 客舱就绪开关 (Cabin Ready)：用于乘务员通知机组客舱准备就绪可以起飞或者降落。当客舱准备就绪时，乘务员按 Cabin Ready 键，驾驶舱会听到一声提示音，驾驶舱内 CABIN READY 灯亮起；该开关仅能从驾驶舱关闭，且没有声音提示。

四、客舱环境控制

客舱环境系统包括清水水量监控、真空式污水显示监控、卫生间不可用指示、客舱温度控制和污水箱清洁检查传感器指示等功能界面，如图 3-47 所示。

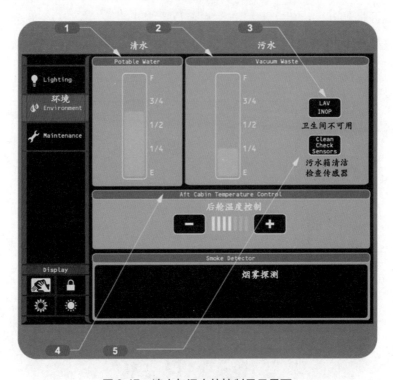

图 3-47　清水与污水的控制显示界面

1—清水水量监控；2—真空式污水显示监控界面；3—卫生间不可用指示；
4—客舱温度控制；5—污水箱清洁检查传感器指示

（一）清水水量监控界面

该界面通常显示在后舱区域乘务员面板上。可以显示当前清水系统中的水量，以不同颜色的柱状图表示水量。

- 绿色：表示系统水量大于 1/2。
- 琥珀色：表示系统水量为 1/4 ~ 1/2。
- 红色：表示系统水量低于 1/4。

（二）真空式污水显示监控界面

真空式污水显示监控界面显示在前舱乘务员控制面板上，或者根据航空公司需求，显示在后舱 ACP 中。监控界面可以显示当前真空式污水水箱中的储量，以不同颜色的柱状图表示储量。

- 红色：表示储量已超过 7/8。
- 琥珀色：表示储量为 1/2 ~ 7/8。
- 绿色：表示储量低于 1/2。

（三）卫生间不可用指示界面

当污水箱满时，会在客舱环境控制界面上显示以下状态。

- 环境 (Environment) 软性触摸按键变成橙色。
- 卫生间不可用 (LAV INOP) 软性触摸按键变成橙色。

当卫生间不可用 (LAV INOP) 指示弹出时，若乘务员控制面板处于休眠状态，则面板会被自动激活。

（四）客舱温度控制界面

乘务员通过客舱温度控制界面有限度地调节客舱温度。调节范围一般分成 7 个等级，从低温 L1 至高温 L7，乘务员通过界面上的 +/- 软性触摸按键在 L1 至 L7 之间调节切换。前舱区域温度由前舱乘务员面板控制，后舱区域温度由后舱乘务员面板控制。

（五）污水箱清洁检查传感器指示界面

当污水箱清洁检查传感器 (Clean Check Sensors) 键亮起时，表示污水箱需要清洁污垢。机务人员维护后，该指示灯熄灭。当污水箱清洁检查传感器键亮起时，污水显示监控界面仍可使用。

五、维护控制

维护菜单仅供机务人员测试系统、检查配置、检查故障数据以及加载 ACP 软件等使用，不需要乘务员操作，仅供参考，如图 3-48 所示。

图 3-48　维护控制界面

练习题

1. 写出乘务员控制面板的英文全称。

2. 乘务员控制面板包含哪些内容?

3. 客舱应急灯开关在什么位置?

4. 前舱和后舱入口区域灯光有几个挡位?

5. 简述客舱内部应急灯光都包含哪些。

6. 简述清水水量柱状显示和污水量柱状显示图中不同颜色的含义。

7. 简述 LAV INOP 的含义。

8. 简述 Cabin Ready 键的用法。

9. 简述 Clean Check Sensors 键的含义。

第四章
通用应急设备

　　应急设备是指飞机在紧急情况下，为了避免灾难、逃生救护，供机组人员和旅客使用的设备总称。民用航空运输的载体是旅客，保障机上人员的生命财产安全是航空公司的第一要务。客舱安全是飞行安全的重要组成部分。学习应急设备的使用方法，训练有素，能提高遇险时的处置能力，大大降低损害。应急训练已成为各大航空公司实现安全运营的基础与前提。

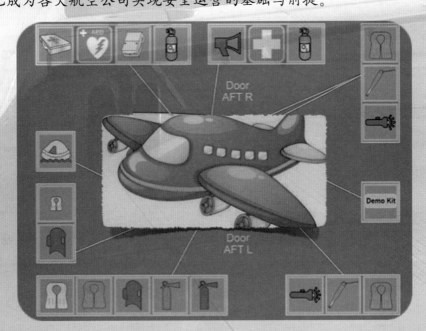

第一节　应急设备概述

一、机上常用应急设备的名称及标识

不同航空公司的乘务员手册中，客舱应急设备标识略有差异，但不影响辨别。本节向大家介绍应急设备标识，供参考学习，如表 4-1 所示。

表 4-1　应急设备的标识

客舱应急设备的名称	客舱应急设备的标识	客舱应急设备的名称	客舱应急设备的标识
海伦灭火瓶	Halon Extinguisher	水灭火瓶	Water Extinguisher
化学灭火瓶	Chemical Extinguisher	手提式氧气瓶	Portable Oxygen Bottle
急救箱	First Aid Kit	救命包	Survival Kit
应急医疗箱	Emergency Medical Kit	除颤器	Defibrillator
麦克风	Megaphone	手电筒	Flashlight
救生衣	Life Vest	婴儿救生衣	Infant Life Vest
机组救生衣		加长安全带	Seat Belt Extension
应急定位发射器	Emergency Locator Transmitter (ELT)	救生筏	Life Raft
防护式呼吸装置	Protective Breathing Equipment (PBE)	防火手套	Fire Gloves
防烟护目镜	Smoke Goggles	救生斧	Crash Axe
安全演示包	Demonstration Kit	机组氧气面罩	Flight Crew Oxygen Mask

客舱应急设备的名称	客舱应急设备的标识	客舱应急设备的名称	客舱应急设备的标识
人工释放工具	Manual Release Tool	一次性氧气面罩	Disposable Oxygen Mask
救命包		洗眼器	EW Eye Wash Kit

二、机上应急设备的分布

(一)A320 系列飞机机上应急设备分布

① 以 A320neo 型机为例，驾驶舱应急设备分布如图 4-1 所示。

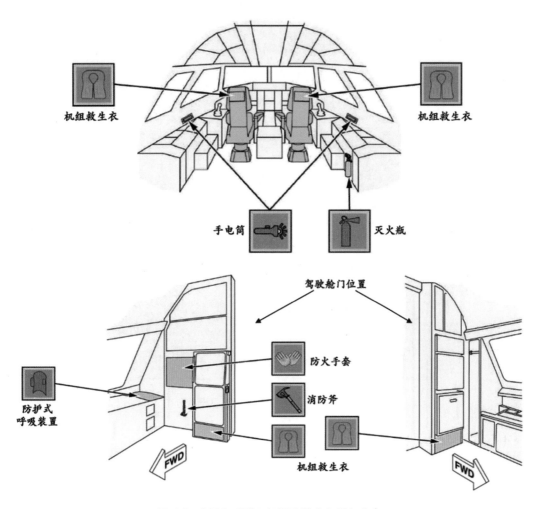

图 4-1 A320 系列飞机驾驶舱应急设备分布

② 客舱应急设备分布如图 4-2 所示。

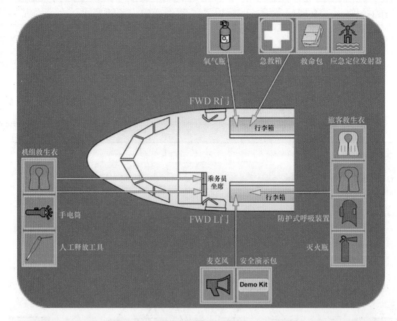

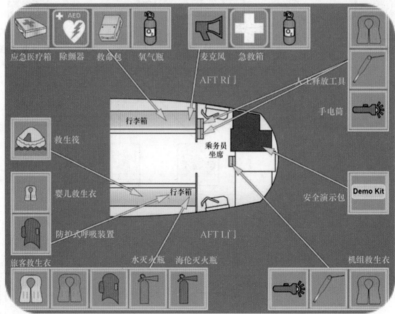

图 4-2　A320 系列飞机客舱应急设备分布

(二)B737 系列飞机机上应急设备分布

① 以 B737-MAX-8 为例，驾驶舱应急设备分布如图 4-3 所示。

② 客舱应急设备分布如图 4-4 所示。

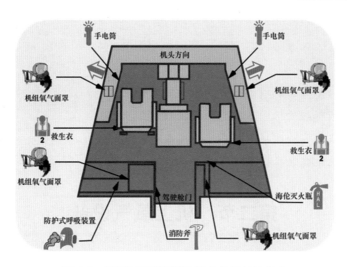

图 4-3　B737 系列机驾驶舱应急设备的分布

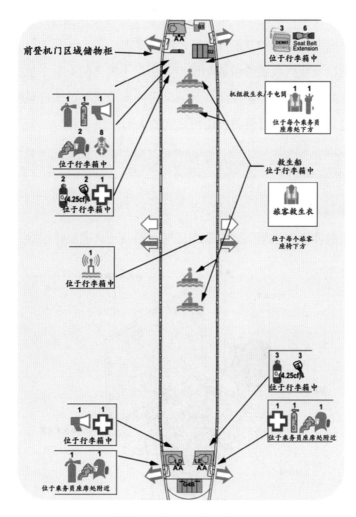

图 4-4　B737 系列飞机客舱应急设备的分布

📖 **练习题**

1. A320 系列飞机前登机门区域有哪些应急设备？

2. A320 系列飞机后登机门区域有哪些应急设备？

3. B737 系列飞机客舱区域有哪些应急设备？

4. B737 系列飞机驾驶舱区域有哪些应急设备？

第二节　机上氧气设备

一、设备概述

机上供氧系统是按照 CCAR-121 第 K 章仪表和设备的要求执行。在飞机运行过程中，维修工程部会确保机上的仪表和设备持续符合上述要求。

本节主要介绍机上氧气设备的组成和使用方法。飞机上配有两个独立的供氧系统：一个系统供给客舱中的旅客和乘务员使用；另一个系统供给驾驶舱飞行员使用。此外，机上还配有便携式手提氧气设备，可供需要使用氧气的人员使用。

二、客舱供氧系统

（一）供氧系统的组成

客舱供氧系统组件由化学氧气发生器和氧气面罩以及其他配件组成，如图 4-5 所示。

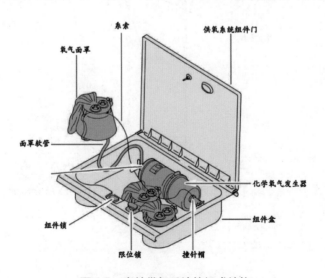

图 4-5　客舱供氧系统的组成结构

其中，氧气面罩组成结构如图 4-6 所示。

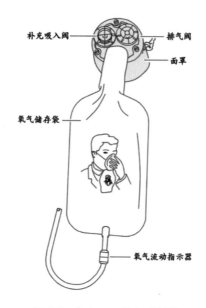

图 4-6　氧气面罩的组成结构

（二）氧气面罩分布

客舱中每排旅客座椅上方的供氧系统组件里均含有 4 个氧气面罩；乘务员座席上方的供氧系统组件含有两个氧气面罩；卫生间和厨房内的供氧系统组件含有两个氧气面罩。以 A320neo 型飞机中氧气面罩分布为例，如图 4-7 所示。

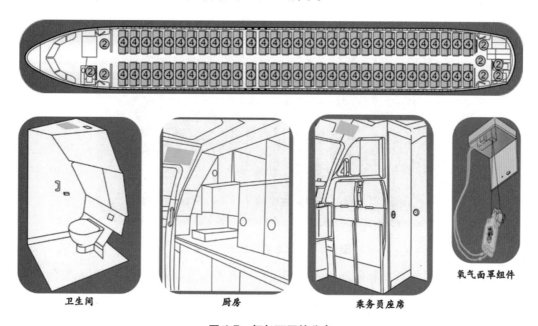

图 4-7　氧气面罩的分布

（三）氧气面罩使用方法

1. 氧气面罩脱落方式

氧气面罩脱落方式有 3 种，即自动脱落、电动脱落和人工脱落。

(1) 自动脱落。当座舱高度达到 14000ft(4267m) 时，客舱释压，氧气面罩储藏盒盖板自动打开，氧气面罩会自动脱落，客舱供氧系统开始工作，如图 4-8 所示。

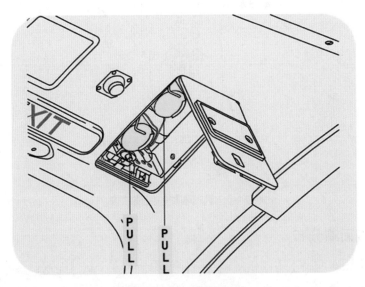

图 4-8　氧气面罩的脱落

(2) 电动脱落。当自动脱落方式失效时，在任何飞行高度层，可通过按驾驶舱面板上的 "MASK MAN ON" 键放出面罩，如图 4-9 所示。

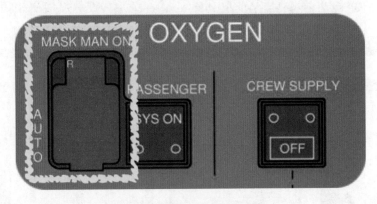

图 4-9　驾驶舱氧气面罩释放键

(3) 人工脱落。当自动和电动方式都无法打开氧气面罩储藏箱时，使用人工释放工具或者尖细的物品，如笔尖、别针等打开氧气面罩储藏盒的门，使氧气面罩脱落，如图 4-10 所示。

人工释放工具

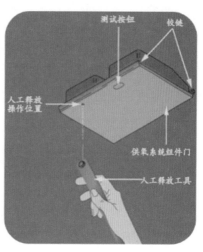

图 4-10　人工方式释放氧气面罩的方法

2. 氧气面罩使用方法

当氧气面罩脱落后，用力向下拉下面罩，必须拉动面罩才有氧气流出，然后将面罩罩在口鼻处，进行正常呼吸，如图 4-11 所示。

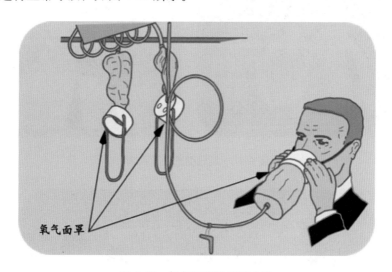

氧气面罩

图 4-11　氧气面罩的使用方法

3. 注意事项

① 氧气面罩使用时间为 15 ～ 22min，化学氧气发生器一旦被启动就不能停止。

② 氧气面罩不能用作防护式呼吸装置使用。

③ 必须用力向下拉动面罩，方能开始工作。

④ 拉动一个面罩可使该氧气面罩储藏盒内所有面罩都有氧气流出。

⑤ 化学氧气发生器系统正常工作时可能伴随有烧焦气味。

⑥ 化学氧气发生器工作时，不要用手触摸，以免烫伤。

⑦ 与氧气面罩相连的透明管道中均有氧气流量指示器，当有氧气流过时，流量指示器变为绿色。

⑧ 使用完毕勿将面罩复位，并需填写客舱记录本。

三、驾驶舱供氧系统

（一）供氧系统介绍

驾驶舱氧气由储藏在电子舱内的固定氧气瓶提供。机组氧气面罩为自动加压式呼吸面罩，可以快速戴上和取下，如图 4-12 所示，面罩组件存放于机长座椅左侧和副驾驶座椅右侧的应急设备相应位置，如图 4-13 所示。

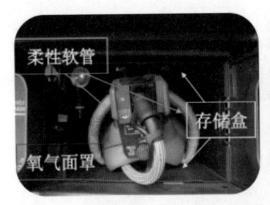 

图 4-12　驾驶舱的供氧系统

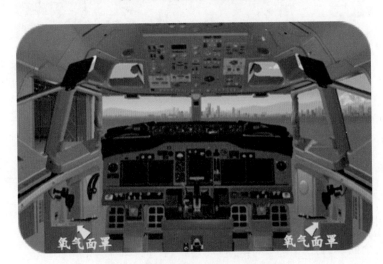

图 4-13　驾驶舱氧气面罩的储藏位置

机组氧气面罩上配有调节器，如图 4-14 所示，上端是"N"，代表 Normal(正常位)，表示氧气系统提供给面罩的是氧气和空气的混合气；下端是"100%"位，表示提供给氧气面罩的是 100% 的氧气。

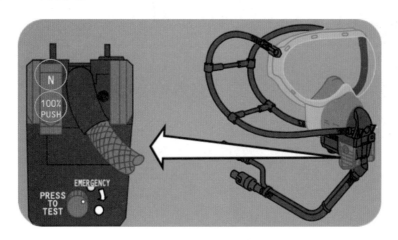

图 4-14　驾驶舱氧气面罩调节器

(二) 氧气面罩的使用方法

捏住红色夹子，面罩张开，罩在口鼻处，进行正常呼吸，如图 4-15 所示。

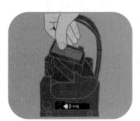

图 4-15　飞行员使用氧气面罩的方法

四、便携式手提氧气设备

(一) 手提式氧气设备介绍

便携式手提氧气设备可用于机上人员急救、客舱释压等紧急情况下的用氧需求。手提式氧气设备由手提式氧气瓶和一次性氧气面罩组成，储藏在飞机应急设备位置。

(二) 氧气瓶分类

1. 按照氧气流量方式分类

氧气瓶按照氧气流量方式可以输出两种氧气流量，即高流量出口 (Hi) 和低流量出口

(Lo)。高流量出口 (Hi) 流出 4L/min 氧气，用于严重缺氧、呼吸困难、心脏病等；低流量出口 (Lo) 流出 2L/min 氧气，用于一般性缺氧及乘务员在客舱失密时使用。通常有 3 种类型的瓶体，如图 4-16 所示。

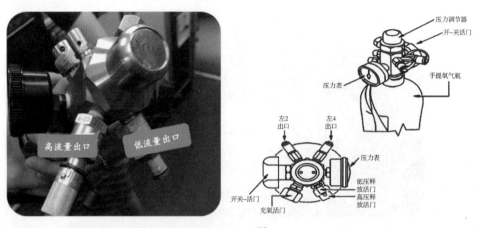

(a) A型

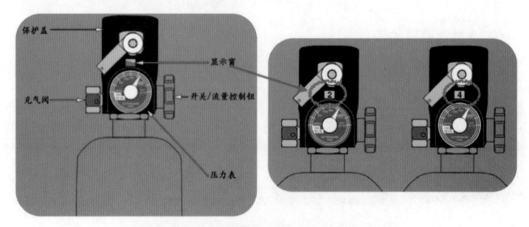

(b) B型

(c) C型

图 4-16 手提式氧气瓶的种类

- 如图 4-16(a) 所示，A 型有两个氧气出口，分别为高流量出口和低流量出口。
- 如图 4-16(b) 所示，B 型有一个氧气出口，通过调节开关 / 流量控制钮，控制氧气输出流量。
- 如图 4-16(c) 所示，C 型有一个氧气出口，通过顶部流量调节阀门控制氧气流量，通过侧面开 - 关活门控制氧气输出。

2. 按照氧气瓶容量方式分类

氧气瓶按照氧气容量可以分为 311L(11ft³) 氧气瓶和 120L(4.25ft³) 氧气瓶，如图 4-17 所示。

- 311L 氧气瓶。高流量出口 (Hi) 流出 4L/min，可使用 77min；低流量出口 (Lo) 流出 2L/min ，可使用 154min。
- 120L 氧气瓶。高流量出口 (Hi) 流出 4L/min，可使用 30min；低流量出口 (Lo) 流出 2L/min，可使用 60min。

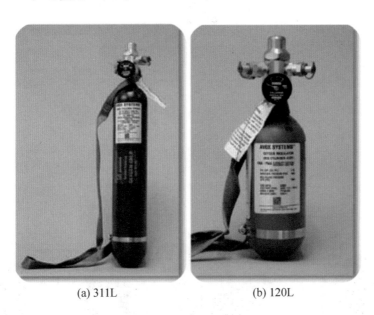

(a) 311L   (b) 120L

图 4-17 手提式氧气瓶的种类

（三）使用方法

1. A 型氧气瓶使用方法

① 取出氧气瓶。

② 打开其中一个流量出口的防尘帽，插上氧气面罩。

③ 沿逆时针方向转动开 - 关活门。

④ 检查氧气袋是否充满。

⑤ 将氧气面罩罩在口鼻处，如图 4-18 所示。

- 选择流量出口，打开防尘帽，接好氧气面罩
- 沿逆时针方向打开阀门到底
- ·确认氧气流出
  ·将面罩罩在口鼻处，带子套在头上
- ·观察旅客的状况
  ·停止使用时确认"开-关"阀关闭

图 4-18　手提式氧气瓶的使用方法

2. B 型氧气瓶使用方法

① 取出氧气瓶。

② 打开防尘帽，插上氧气面罩。

③ 沿逆时针方向转动绿色开关／流量控制钮。

④ 当压力指针上部窗口显示"2"时为低流量，显示"4"时为高流量，旋转阀门需注意窗口内显示的 2 或 4 必须在中央位置，如图 4-19 所示。

图 4-19　手提式氧气瓶的流量显示窗口

⑤ 氧气流过供氧软管，流入储气袋，检查氧气袋是否充满。

⑥ 将氧气面罩罩在口鼻处。

3. C 型氧气瓶使用方法

① 取出氧气瓶。

② 打开防尘帽，插上氧气面罩。

③ 打开开 - 关活门。

④ 用顶部流量调节阀门调节氧气流量。

⑤ 氧气流入储气袋，检查氧气袋是否充满。

⑥ 将氧气面罩罩在口鼻处。

（四）使用注意事项

① 使用时 3m(前后 3 排座位范围) 以内无烟、无火。

② 剩余压力为 50 lb/in^2 时应停止使用，以便再次充氧使用。

③ 肺气肿患者使用低流量。

④ 不要摔或撞氧气瓶。

⑤ 避免氧气与油或脂肪接触，擦掉浓重的口红或润肤油。

⑥ 使用后填写"客舱记录本"。

（五）氧气面罩供氧确认方法

① 用手或脸靠近氧气面罩，感受有气体流出。

② 具有流量指示器的氧气面罩，还可通过观察流量指示器确认供氧。流量指示器位于氧气袋底部，氧气流过时，绿色区域将扩大；流量指示器位于导管中，氧气流过时，流量指示器将显示绿色，如图 4-20 所示。

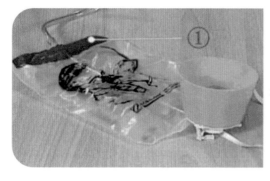

图 4-20　氧气面罩的流量指示器

（六）飞行前检查

① 在指定应急设备位置存放。

② 氧气面罩密封，系在氧气瓶上。

③ 保险丝完好，防尘帽盖好。

④ 供氧开关平时在关闭位置。

⑤ 压力指针在绿色／红色区域内。

（七）氧气瓶配备标准

氧气瓶配备标准，如表 4-2 所示。

表 4-2　氧气瓶的配备标准

旅客座位数	配备数量
0～50	至少 1 个
51～100	至少 2 个
101～150	至少 3 个
151～200	至少 4 个
201～250	至少 5 个
251～300	至少 6 个

练习题

1. PSU 中的氧气面罩是由什么设备提供氧气的？

2. A320neo 型飞机经济舱旅客座椅每排有几个氧气面罩？

3. 简述氧气面罩的脱落方式。

4. 简述客舱氧气面罩的使用方法。

5. 手提式氧气瓶按照容量分为几种类型？

6. 简述手提式氧气瓶使用注意事项。

7. 简述手提式氧气瓶的使用方法。

8. 简述氧气面罩供氧确认方法。

9. 手提式氧气瓶可以使用多长时间？

第三节　机上灭火设备

一、设备概述

本节介绍机上灭火设备。灭火设备用于驾驶舱、客舱、厨房和卫生间等区域可能发生

的火警。一旦出现火情，乘务员应争分夺秒实施灭火，以保证机上人员的安全。目前空客飞机上使用的灭火瓶均为海伦灭火瓶；波音飞机上以水灭火瓶和海伦灭火瓶为主。

二、设备的分布与数量

（一）灭火瓶位置

机上灭火瓶通常储藏在驾驶舱、客舱靠近厨房区域、头等舱和普通舱部分行李箱内，如图 4-21 所示。

图 4-21　灭火瓶储藏位置

（二）灭火瓶数量

根据 CCAR-121.309 规定，在客舱使用的手提灭火器应当放置于方便的位置。在要求两个或者两个以上时，应当均匀地分布于每个客舱内，并且按照表 4-3 的要求配备手提灭火器。

表 4-3　客舱内要求配备的手提灭火器

座位数	灭火瓶数（最小数量）
7 ~ 30	1
31 ~ 60	2
61 ~ 200	3
201 ~ 300	4
301 ~ 400	5
401 ~ 500	6
501 ~ 600	7
601 以上	8

三、水灭火瓶

水灭火瓶(Water Extinguisher)内的液体是水和防冻液的混合剂，用于织物或纸类火灾，不能用于电气和油脂类火灾，但可用于涉及锂电池的火灾。

(一)灭火瓶结构

手提式水灭火瓶由触发器、喷嘴、安全铅封、手柄、瓶体等部分构成，如图 4-22 所示。

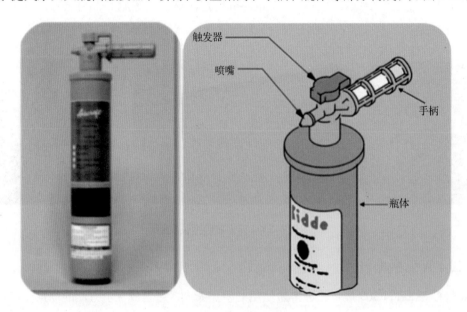

触发器
喷嘴
手柄
瓶体

图 4-22　水灭火瓶

(二)使用范围及时间

水灭火瓶适用于纸、木、布等一般性火灾的处理。使用时间大约 40s，容量是 102ft^3(0.26L)。

(三)使用方法

竖直握住瓶体，沿顺时针方向转动手柄，距离火源 2 ~ 3m 处，右手拇指按下触发器，喷嘴对准火源底部喷射，喷射时平行移动灭火瓶。使用后填写"客舱记录本"，如图 4-23 所示。

(四)注意事项

① 对于电气、油脂类、可燃性液体，在失火时不能用水灭火瓶。

② 瓶体不能横握和倒握。

③ 瓶内装有防冻剂，不能饮用。

④ 航前确认水灭火瓶在指定位置并固定好。

⑤ 铅封处于完好状态。

⑥ 日期在有效期内。

图 4-23　水灭火瓶使用方法

四、海伦灭火瓶

海伦灭火瓶 (Halon Extinguisher) 的灭火原理是在氮气压力的作用下，灭火剂立即呈雾状喷出，形成相对密度大、扩散慢的气体，且能在较长时间内滞留在火区内，降低火区氧浓度，中断链反应，阻止燃烧，并兼有一定窒息和冷却作用。

（一）灭火瓶类型与结构

目前，机上通用两种类型的手提式海伦灭火瓶，分别是安全护盖式和安全插销式。两种灭火瓶差异不大。安全插销式海伦灭火瓶由喷嘴、安全插销、按压把手、压力指针表、提手等部分组成；安全护盖式海伦灭火瓶由喷嘴、安全销、按压把手、压力表、提手、黑色安全护盖等部分组成，如图 4-24 所示。

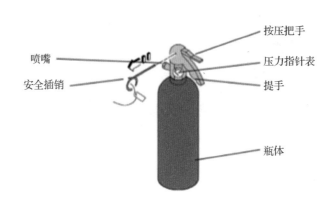

（a) 安全插销式

图 4-24　海伦灭火瓶的类型

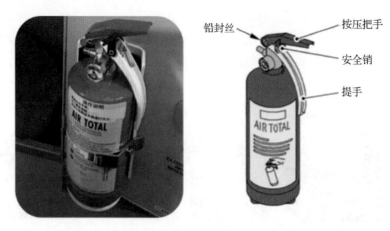

铅封丝
按压把手
安全销
提手

AIR TOTAL

(b) 安全护盖式

图 4-24　海伦灭火瓶的类型（续）

（二）使用范围及时间

适用于任何类型 (A、B、C、D) 的火灾，尤其适用于电气、燃油和润滑油脂火灾。灭火瓶按住后持续喷射可使用 7 ~ 10s。

（三）使用方法

1. 安全插销式海伦灭火瓶的使用方法

垂直握住瓶体，拔下环形安全插销，将灭火瓶距离火源 2 ~ 3m(6 ~ 10ft)，对准火源底部，按下灭火瓶顶部黑色按压把手（触发器），由外向里平行喷射。使用后填写"客舱记录本"，如图 4-25 所示。

图 4-25　安全插销式海伦灭火瓶的使用方法

2. 安全护盖式海伦灭火瓶的使用方法

垂直握住瓶体，用拇指压住黑色安全护盖，其余四指向上握住白色提手，将虎口置于红色按压把手下方，将黑色安全护盖用力扳动至铅封丝断开，用拇指压住红色按压把手（触发器），对准火源底部由远及近平行移动喷射。使用后填写"客舱记录本"，如图 4-26 所示。

图 4-26   安全护盖式海伦灭火瓶的使用方法

3. 两种海伦灭火瓶使用的区别

安全插销式灭火瓶的按压把手是黑色；安全护盖式灭火瓶的按压把手是红色，断开保险丝的安全护盖是黑色。需要正确区分防止混淆，以免无法断开保险丝导致无法灭火。

（四）注意事项

① 海伦灭火瓶喷出的是雾，但很快就会汽化，这种汽化物是一种惰性气体，可以隔绝空气使火扑灭，当表层的火被扑灭后，里层仍有余火，应随后将火区用水浸透。

② 瓶体不能横握或倒握。

③ 不能用于人身上的火灾，以免造成窒息。

④ 如需在驾驶舱内使用，所有飞行员必须戴上氧气面罩并选择应急使用 100% 氧气。

⑤ 乘务员应做好自身保护 (如捂住口鼻、穿戴防烟面罩等)。

⑥ 检查压力表指针在绿色区域。

⑦ 确保安全销或保险丝完好。

⑧ 在指定位置固定好。

五、卫生间灭火系统

机上卫生间灭火系统 (Fire extinguisher system in the lavatory) 包括烟雾报警系统和自动灭火系统两部分。

（一）烟雾报警系统

烟雾报警系统可以尽早发现突发的火情并自动发出警告，它包括烟雾探测器和信号显示系统。 波音飞机与空客飞机的烟雾报警系统如图 4-27 所示。

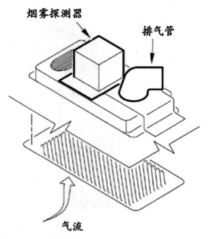

(a) A320neo

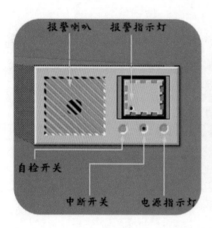
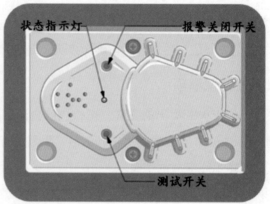

(b) B737NG

图 4-27　烟雾报警系统

1. 烟雾探测器

烟雾探测器，也叫烟雾感应器，安装在每个卫生间内的顶板，当烟雾进入探测器时，通过它的感应传给信号显示系统。

2. 信号显示系统

(1) A320 系列飞机。当烟雾进入探测器时，与卫生间对应区域呼叫面板上的琥珀色灯闪亮；所有 AIP 上红灯闪亮并显示具体位置；FAP 上红色的 "SMOKE LAV" 按钮灯闪亮；客舱和所有乘务员扬声器里，每 30s 重复低调的三声谐音。

(2) B737 系列飞机。信号显示系统位于烟雾感应器侧面，当烟雾达到一定浓度时，信号系统的指示灯红色闪亮，并发出刺耳的蜂鸣声；与卫生间对应区域呼叫面板上的琥珀色灯闪亮。

（二）自动灭火系统

1. 位置

(1) A320 系列飞机。在每个卫生间洗手池下面垃圾箱的位置都安装了灭火装置，由一个海伦灭火瓶和一个装在垃圾箱上方深处的喷射管组成，海伦灭火瓶上有压力指针表，如图 4-28 所示。

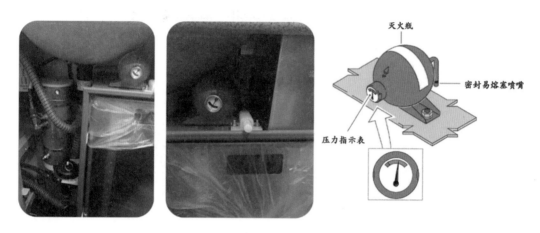

图 4-28　A320 系列飞机卫生间垃圾箱灭火瓶

(2) B737 系列飞机。在每个卫生间洗手池下面垃圾箱的位置都安装了灭火装置，包括一个海伦灭火瓶和两个指向垃圾箱的喷嘴，侧边还有一个温度指示器，如图 4-29 所示。

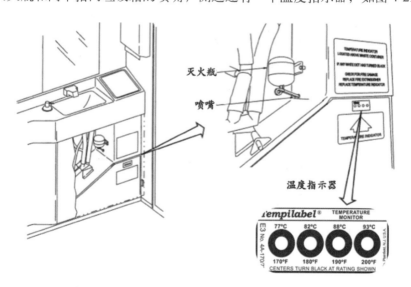

图 4-29　B737 系列飞机卫生间垃圾箱灭火瓶

2. 工作原理

(1) A320 系列飞机。当垃圾箱里的温度升至 79℃时，密封的易熔塞喷嘴就会熔化，

灭火瓶自动开始喷射。喷射时间为3～15s。

(2) B737系列飞机。通常情况下温度指示器上的4个圆点为灰色，两个喷嘴用密封剂封死，当环境温度达到77～79℃时，温度指示由灰色变成黑色，喷嘴的密封剂自动熔化，灭火瓶开始喷射。喷射时间为3～15s。

3. 飞行前检查

(1) A320系列飞机。灭火瓶的指示器在绿色区域，如果未在绿色区域要向机长或地面机务人员报告。

(2) B737系列飞机。检查温度指示器为灰色圆点，如果不是则应报告机长或地面机务人员。

练习题

1. 手提式水灭火瓶适用于哪些火灾？
2. 手提式水灭火瓶的使用时间多少？
3. 简述手提式水灭火瓶的使用方法。
4. 简述手提式水灭火瓶使用注意事项。
5. 手提式海伦灭火瓶适用于哪些火灾？
6. 手提式海伦灭火瓶的使用时间多少？
7. 简述手提式海伦灭火瓶的使用方法。
8. 简述手提式海伦灭火瓶使用注意事项。
9. 卫生间垃圾箱处温度达到多少度时自动灭火器开始工作？灭火时间是多少？
10. 当卫生间烟雾达到一定浓度时，会出现哪些报警信号？
11. 飞行前如何检查卫生间灭火装置？

第四节　防护式呼吸装置

防护式呼吸装置(Protective Breathing Equipment，PBE)曾被叫作防烟面罩。用于乘务员和飞行员在客舱封闭区域失火和有浓烟时使用，保护灭火者的眼睛和呼吸道不受烟雾、毒气和火的伤害。

一、装置的结构

防护式呼吸装置由全面罩、化学氧气发生器、触发开关、送话器、松紧带等组成，如图4-30所示。

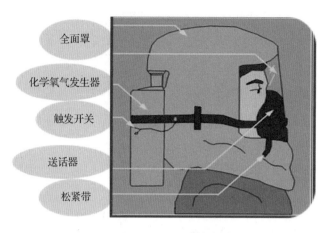

图 4-30　防护式呼吸装置结构

二、供氧的原理与时间

　　防护式呼吸装置中的氧气是靠装置上的化学氧气发生器提供的，当拉动触发开关时，发生器中的化学元素发生化学反应释放出热量，使化学氧气发生器中的温度上升，并与使用者呼出的二氧化碳发生反应，生产出氧气。

　　防护式呼吸装置平均供氧时间为 15min，呼吸快时可能有灰尘感和咸味，供氧时间相对要短些。

三、装置的特点

　　戴上 PBE 后可以通过面罩前部的送话器与外界联系。当氧气充满面罩时，面罩应为饱满的状态，当氧气用完后，由于内部的压力减小，面罩开始内吸，注意辨别这种情况。

四、装置的类型

　　通常，飞机上防护式呼吸装置有 4 种类型，即 A 型、B 型、C 型和 D 型，如图 4-31 所示。

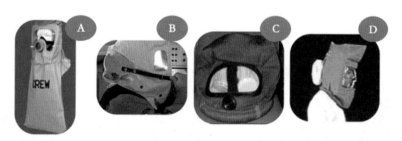

图 4-31　防护式呼吸装置的类型

五、使用方法

1. A 型 PBE 的使用方法

打开 PBE 储存盒；撕去袋口封条，取出 PBE；两手掌心相对伸入橡胶护颈内，用力向两边撑开，套入头部并将头发放在头套内，移动送话器使面罩与口鼻完全吻合；向下拉氧气发生器，使 PBE 开始工作；将带子系紧扣好，如图 4-32 所示。

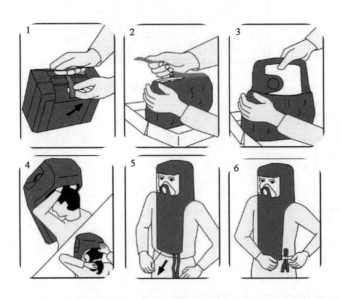

图 4-32　A 型 PBE 的使用方法

2. B 型 PBE 的使用方法

拉塑料盒盖上的红色把手，去除塑料盖；用力撕掉包装上的红色标签，打开真空包装；双手掌心相对放入橡胶护颈，用力向两边撑开；将 PBE 套入，用双手保护两侧脸颊及眼镜，使之完全遮挡脸部；双手向前向外用力拉动调节袋，并使装置启动；双手抓住带子前头，用力向后拉带子，确保里面的面罩罩在口鼻处，面颊被覆盖；如需调整眼镜，隔着外罩进行，不要将手伸入罩内调整；确定衣领没有被夹在护颈内，头发已完全在护颈里面，放下 PBE 的后颈盖布，使它盖住衣领，并处于肩上部，如图 4-33 所示。

图 4-33　B 型 PBE 的使用方法

需要注意，当拉动调节带后若无氧气流出，再用力重复一次；否则取下面罩。

3. C 型 PBE 的使用方法

打开盒子，取出真空包装袋，撕开封条，取出 PBE；快速猛烈地震动，使圆柱形氧气发生装置开始供氧，绿色指示灯开始闪亮；戴上环形面罩，能听到一点轻微噪声；噪声停止时，面罩立即取下，如图 4-34 所示。

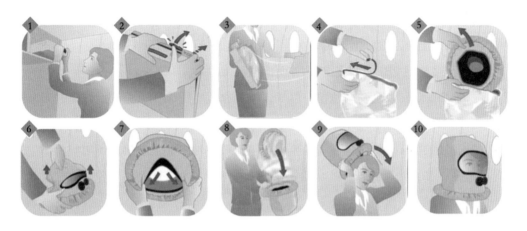

图 4-34　C 型 PBE 的使用方法

4. D 型 PBE 的使用方法

从储存盒中取出 PBE；撕下红色带子，从中取出 PBE；拉下启动环，听到放气声后开始使用；用双手撑住橡胶护颈，将头部伸进其中，然后将面罩罩在面部；用力向下拉面罩直到额部头带与额头紧贴在一起，用手将颈部和橡胶护颈之间的所有头发和衣服移开，确保橡胶护颈完全紧贴颈部；正常情况下面罩内产生气流声响，声响停之后，立即离开危险区，然后取下面罩，如图 4-35 所示。

图 4-35　D 型 PBE 的使用方法

六、注意事项

① 在非烟区穿好 PBE。

② 头发必须全部进入面罩，衣领在密封圈外。

③ 当感觉呼吸困难时，可能是氧气用完或者是穿戴不当。

④ 若头部有热感或者面罩瘪下、气流声消失，说明供氧结束，迅速移到安全区摘下 PBE；若面罩开始内吸，说明使用时间已到，迅速移到安全区摘下 PBE。

⑤ 若观察窗上有水汽和雾汽时，迅速移到安全区摘下 PBE。

⑥ 若戴眼镜使用 PBE，需在 PBE 外面调整眼镜位置。

⑦ 取下 PBE 后，因头发内残留有氧气，不要靠近有明火或火焰的地方，并充分抖散头发。

⑧ 使用过的 PBE 应将化学氧气发生器朝上，放在洗手池或空餐车等隔热材质上，并尽快使其散热，禁止放在地毯、储物格等易燃、密闭的空间，防止由于化学氧气发生器过热而引起火灾。

⑨ 确认防烟面罩在固定位置，包装盒未被开启，数量完整且在有效期内。

练习题

1. PBE 的使用时间是多长？

2. PBE 的特点是什么？

3. 简述各类型 PBE 的使用方法。

4. 简述使用 PBE 的注意事项。

第五节　救 生 衣

机上救生衣是用于飞机水上撤离时使用的，存放在每个旅客和乘务员座椅下方。机组救生衣是红色(橙色)的，旅客救生衣是黄色的，如图 4-36 所示。

内陆航线也会配备救生衣，是因为飞机在飞行过程中可能会飞过河流或者湖泊，如果这时需要紧急迫降，很可能会迫降在河流或湖泊之上，就需要有救生衣。在偏远地区迫降撤离时，带上救生衣可以在任何空旷地带显出对比色彩，以便救援人员及时发现。在低温、强风和冰雪覆盖的地区携带救生衣可以做御寒之用。

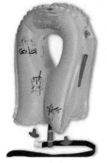

图 4-36　救生衣

一、救生衣的类型

救生衣分为成人救生衣和婴儿救生衣两种类型。其中，成人救生衣有两种样式，使用方式相同，如图 4-37 所示。

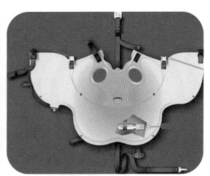

成人救生衣样式一　　　　成人救生衣样式二　　　　婴儿救生衣

图 4-37　救生衣类型

二、救生衣的结构与功能

① 定位灯 (Light)：遇水自动发光，定位幸存者位置。定位灯浸水后，几秒钟内自动发光。

② 海水电池 (Battery)：入水后拔掉救生衣上 "Pull to Light" 标志以便接通电源。电池浸水后，几秒钟内定位灯自动发光，并可持续使用 8 ~ 10h。

③ 二氧化碳气瓶 (CO_2 Cartridge)：救生衣中部有两个微型气瓶，为救生衣充气使用。

④ 人工充气手柄 (Inflator)：拉动人工充气手柄，使救生衣充气。

⑤ 人工充气管 (Oral inflation system)：当自动充气失败或不足时，可以用嘴向里充气。

⑥ 腰带 (Haarness)：救生衣经头部穿好后，系紧腰带，插好卡锁，如图 4-38 所示。

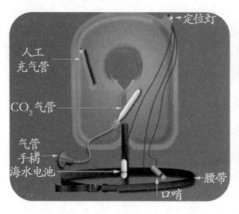 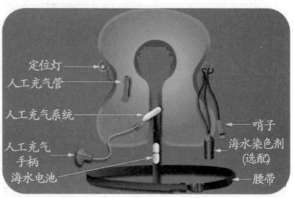

图 4-38　救生衣结构

婴儿救生衣有两个气囊，背部有 3 个对扣的扣子。救生衣上有一个海水电池为定位灯提供电源，并且有供成人拉住婴儿的短绳。

三、救生衣的使用方法

（一）成人救生衣

取出救生衣，经头部穿好；将带子从后向前扣好系紧，并缠绕在腰间；在离开飞机前拉下红色充气手柄，使两片充气式背心气囊充气；充气不足时，拉出人工充气管，用嘴向里吹气，如图 4-39 所示。

图 4-39　成人使用救生衣方法

其中，儿童使用成人救生衣，方法如下：取出救生衣，将救生衣经头部穿好；把带子放在儿童两腿之间；将带子在大腿缠绕两圈系紧扣好；离开座位前拉动一个红色人工充气手柄，离开飞机前拉动另一个红色人工充气手柄；若是无人陪伴儿童，则在穿上救生衣后马上拉动人工充气手柄；充气不足时，使用人工充气管向里吹气，如图 4-40 所示。

图 4-40 儿童使用成人救生衣的方法

（二）婴儿救生衣

取出救生衣，由前向后穿好；将后背上 3 个扣子扣好系紧；调节上部两个可调整的扣子，使救生衣适合婴儿身体；在离开座位时，家长拉救生衣下部的人工充气手柄；充气不足时，使用人工充气管，用嘴向里吹气。

四、救生衣使用的注意事项

① 不能自理或者上肢残疾的旅客，穿好救生衣后充一半气（即拉动一个红色人工充气手柄），离开飞机时再将救生衣充满气。

② 儿童在离开座位时充一半的气，离开飞机时再将救生衣充满气。

③ 其他旅客的救生衣在离开飞机时充气。

④ 婴儿救生衣在离开座位后完全充气。

⑤ 婴儿救生衣与成人救生衣扣在一起。

⑥ 只有在人工充气手柄充气不足时，再使用人工充气管充气；否则可能会因为过多的压力导致救生衣爆裂。

⑦ 救生衣需要放气时，用手指按住人工充气管顶部，气会从内放出。

📖 **练习题**

1. 机组救生衣和旅客救生衣的区别是什么？
2. 机上救生衣有几种类型？
3. 简述救生衣的结构与功能。
4. 简述成人救生衣的使用方法。
5. 简述儿童如何使用救生衣。
6. 简述救生衣使用的注意事项。

第六节 其他应急设备

一、防火手套

在飞机的驾驶舱配有防火手套 (Fire Gloves)，也叫石棉手套，具有防火隔热作用。如发生失火，可使用防火手套作防护，如图 4-41 所示。

图 4-41 防火手套

当驾驶舱失火时，飞行员佩戴防火手套能保持继续操作飞机。若客舱内的物品，如充电宝、手机、PDA、笔记本电脑等，因过热而引起的火情时，乘务员在灭火降温后，佩戴防火手套将含有锂电池的电子设备移至盛有水的金属容器中。

使用后的手套如完好无破损，能够再次进行使用，无须填写 CLB，将防护手套放回配备位置。若手套因使用而破损，需填写 CLB 并将防护手套放在 CLB 旁边。

二、防烟护目镜

防烟护目镜 (Smoke Goggles) 用于飞行员在充满烟雾的驾驶舱里时，保护眼睛不受伤

害，能够继续飞行。使用时确保眼镜边缘的密封边紧贴在脸部，用橡胶带套在脑后和氧气面罩一起扣在脸上。

三、麦克风

麦克风 (Megaphone) 是在紧急情况下指挥旅客的广播系统，可以在舱内和舱外使用，分为 A 型和 B 型，如图 4-42 所示。

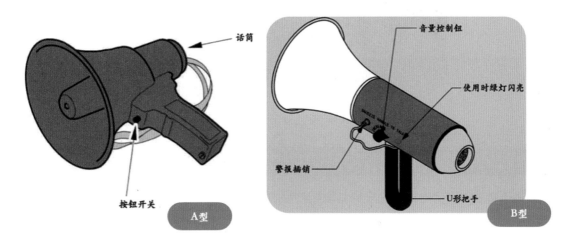

图 4-42　麦克风的类型

麦克风的使用方法如下。

A 型：按下按钮开关，将麦克风话筒靠近嘴部讲话，通过嘴部距离话筒的远近，控制讲话的音量。

B 型：用力握紧 U 形手柄，将麦克风话筒靠近嘴部讲话，用音量控制钮调节声音大小，取下警报插销会发出自动报警声。

四、救生斧

救生斧 (Crash Axe) 是在紧急情况下，清理障碍物及灭火时使用的，斧头手柄包着橡胶绝缘材料，可耐 2400V 的绝缘体，以防止与电线接触时遭电击。刀口有一个护套，防止不使用时伤人，如图 4-43 所示。

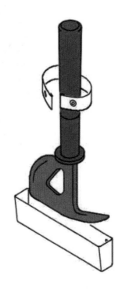

图 4-43　救生斧

五、安全演示包

安全演示包 (Demonstraition Kit) 也叫作示范工具包，是乘务员向旅客介绍机上应急设

备使用方法时使用的物品。工具包中包含氧气面罩、安全带、安全须知卡和示范用救生衣。在飞行前，乘务员要检查包内物品是否齐全，并且在指定位置存放，如图 4-44 所示。

图 4-44　安全演示包内的物品

六、防火衣

防火衣用于主货舱灭火时使用。进入火场前应先穿好防火衣，并将其完全扣好再进入，可以保护灭火者的四肢躯干不受火的侵害，如图 4-45 所示。

图 4-45　防火衣

七、手电筒

手电筒 (Flash light) 用于应急情况下，飞行员和乘务员临时照明和发射求救信号使用；也用于航班中寻物照明使用。

（一）手电筒类型

机上应急手电筒通常有 3 种类型，如图 4-46 所示。

图 4-46　应急手电筒的类型

（二）使用方法

握住手电筒筒身，从支架上取下手电筒；取下后自动点亮，放回支架后自动熄灭(A 型、C 型)，放回时，确保手电筒与支架上的凹槽完全对准并紧密结合；按开关按钮接通，手电筒点亮，再次按下按钮，灯光熄灭 (B 型)。

（三）检查方式

1. A 型应急手电筒

手电筒上的 LED 指示灯频闪正常 (正常频闪间隔为 3 ～ 6s)；禁止将应急手电筒取下检查。

2. B 型应急手电筒

将手电筒取下，确认电源在工作状态。

3. C 型应急手电筒

按压手电筒底座上方的测试按钮，若左侧显示灯为绿色，则表示正常；若每 10s 闪红灯，表示需要充电。

练习题

1. 说出至少 5 种机上其他应急设备名称。
2. 简述麦克风的类型和使用方法。
3. 简述安全演示包里的内容。
4. 简述手电筒的类型和使用方法。
5. 防火手套和防烟护目镜的作用是什么？

第七节　应急定位发射器

应急定位发射器 (Emergency Locator Transmitter，ELT) 是飞机遇险后向外界发出求救信号时使用的应急设备。应急定位发射器备有自浮式双频率电台，电台发射频率为民用 121.5MHz、军用 243MHz 和卫星精确定位 406.028MHz 的无线电信号。这些频率是国际民航组织通用频率 (遇险时发出求救信号)。

一、RESCU406 应急定位发射器

此类应急定位发射器适用于 B737 和 A320 系列飞机。分为底部无开关 RESCU406(S) 和有开关 RESCU406(SE) 两种，如图 4-47 所示。

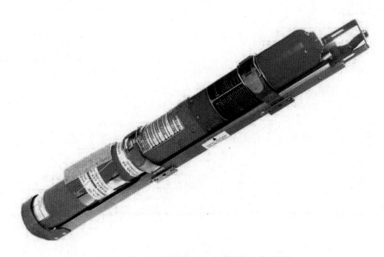

图 4-47　RESCU406 应急定位发射器

（一）结构

RESCU406 应急定位发射器的结构如图 4-48 所示。

① 支架。

② 底部开关：XMT、OFF、ARM、TEST 这 4 个挡位。

③ 水溶胶带：遇水后封条自动溶解。

④ 标准锁扣。

⑤ 自动竖起天线。

⑥ 无线电模块。

⑦ 快速释放手柄。

此外，顶部还有 LED 指标灯，在发射或自检模式下 LED 灯会闪烁。

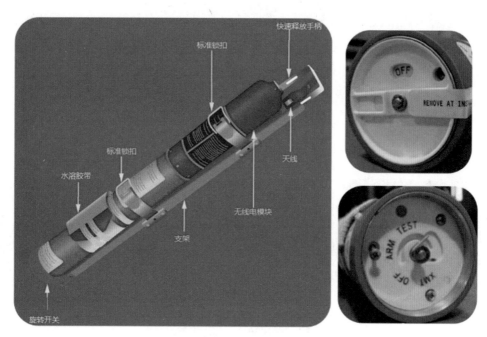

图 4-48　RESCU406 应急定位发射器的结构

（二）使用方法

1. 水中使用

若有底部开关，则开关正常在 ARM 位置；将系绳末端系在救生船上，然后将 ELT 扔入水中，使 ELT 系绳完全松开；水溶胶带溶解，天线自动竖起后开始发报。

2. 陆地使用

解开系绳，割断水溶胶带，拨直天线；在一个套子或者袋子内倒入一半的水或咖啡、果汁、尿等电解质液体；把 ELT 放入套子或者袋子内，开始工作。

陆上使用底部有开关的发射器时，开关正常在 ARM 位置，人工展开天线，将开关扳到 XMT 位置进行发射；如果要停止发报，将开关扳到 OFF 位置。将开关扳到 TEST 位置（不展开天线）即可进行自检，根据 LED 灯的闪烁情况判断应急发射定位器功能。

（三）注意事项

① 在海水中 5s 后即可发报，在淡水中 5min 后才能发报。

② 套内只能放水、咖啡、果汁或尿，不能放油。

③ 陆地使用时，周围不能有障碍物，不要倒放或躺放。

④ 每次只使用一个。

⑤ 存放在舱内的应急定位发射器没有塑料套子，只用一个塑料袋在细系绳下面存放。

⑥ 关闭时，将应急定位发射器从水中取出，折回天线，躺倒放在地上。

⑦ 在使用 RESCU406(SE) 时，确认底部开关在 ARM 位置。

二、KANNAD 应急定位发射器

此类应急定位发射器适用于 B737 系列飞机，外观如图 4-49 所示。

图 4-49　KANNAD 应急定位发射器

（一）使用方法

1. 陆地使用

将 ELT 从安装支架上取下，如果发射器开关上有安全锁销，拔下安全锁销；展开天线，检查天线连接是否完好；开关共有 3 个挡位 (ON、OFF、ARM)，正常在 OFF 位置，使用时将其扳到 ON 位置，尽量将天线保持在直立位置；发射器发出信号时，会有蜂鸣声且 LED 指示灯闪烁；如果要停止发报，将开关扳到 OFF 位置。

2. 水中使用

将 ELT 从安装支架上取下，如果发射器开关上有安全锁销，拔下安全锁销；展开天线，检查天线连接是否完好；水上使用时，开关扳到 ARM 位置，并且确认水电门传感器已连接在发射器上；将 ELT 的系绳连接到救生船上，然后将 ELT 投入水中（只限于海水中），在水中漂浮时天线应保持直立；发射器发出信号时，会有蜂鸣声且 LED 指示灯闪烁；如果要停止发报，将开关扳到 OFF 位置。

（二）注意事项

① 确保 ELT 工作时周围没有障碍物，不能倒放或躺放。

② 在 −20 ～ 55℃ 的温度下，该类应急定位发射器使用时间至少 48 h。

③ 该类应急定位发射器的使用有效期为 6 年（电池待用周期）。

三、ADT406S 便携式应急定位发射器

ADT406S 便携式应急定位发射器的外观如图 4-50 所示。

图 4-50　ADT406S 便携式应急定位发射器

（一）结构

ADT406S 便携式应急定位发射器的结构如图 4-51 所示。

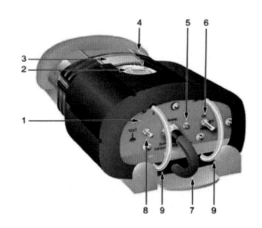

图 4-51　ADT406S 便携式应急定位发射器的结构

1—前面板；2—激活 / 标识模件；3—标识牌；4—零件号和序列号；5—红色发光二极管 (LED)，显示
ELT 工作；6—扳动电门 (ARMED、OFF、ON) 以激活 ELT；7—天线；8—测试按钮；9—紧固弓形管

（二）使用方法

1. 水中工作

展开天线；把 ELT 扳动电门设置到 ARMED 位置，固定在滑梯筏 / 救生筏上；遇水自
动启动；红色 LED 灯进入稳定状态。

2. 陆地工作

没有障碍物的地区为最佳发射点；展开天线；把 ELT 扳动电门人工设置到 ON 位置，

人工激活应急定位发射器。

（三）注意事项

① 当 ELT 扳动电门设置到 OFF 位置时，设备被关闭。

② 检查时，应急定位发射器在指定位置，外观正常。

③ 开关在 ARMED 位置。

④ 脱开方法只要撕开紧固绑带即可。

练习题

1. 应急定位发射器有几个发射频率？

2. 简述 RESCU406 应急定位发射器的使用方法。

3. 简述 RESCU406 应急定位发射器使用的注意事项。

4. 简述 KANNAD 应急定位发射器的使用方法。

5. 简述 ADT406S 便携式应急定位发射器使用的注意事项。

第八节　应急医疗设备

一、设备概述

机上应急医疗设备包括急救箱、应急医疗箱和卫生防疫包，存放在客舱内便于机组成员取用的相应位置。所有应急医疗设备均附有名称标识，并有明确的使用方法提示。乘务员登机后检查应急设备时，若发现机上的急救设备不符合局方的最低要求或不在有效期内，应立即报告机长，如图 4-52 所示。

急救箱

应急医疗箱

卫生防疫包

图 4-52　机上应急医疗设备

此外，航班中乘务长会携带常备药箱，极地航线航班会增配自动体外除颤器。

二、急救箱

急救箱 (First Aid Kit) 是密封的，具有防尘、防潮和耐挤压的特性。用于对旅客或者机组人员受伤时止血、包扎、固定等应急处理。

（一）急救箱的数量及内容

① 根据 CCAR-121 的规定，机上的急救箱应满足如表 4-4 所示规定。

表 4-4　机上的急救箱数量

旅客座椅数	急救箱的数量	旅客座椅数	急救箱的数量
100 以下（含 100）	1	301～400	4
101～200	2	401～500	5
201～300	3	500 以上	6

② 每个急救箱内应配备的医疗用品，如表 4-5 所示。

表 4-5　配备的医疗用品数量

项　目	数　量
绷带，5 列 (3cm)	5 卷
绷带，3 列 (5cm)	5 卷
敷料（纱布），10cm×10cm	10 块
三角巾（带安全别针）	5 条
胶布：1cm、2cm（宽度）	各 1 卷
动脉止血带	1 条
外用烧伤药膏	3 支
手臂夹板	1 副
脚部夹板	1 副
医用剪刀	1 把
医用橡胶手套	2 副
皮肤消毒剂及消毒棉	适量
单向活瓣嘴对嘴复苏面罩	1 个
急救箱手册（物品清单、使用说明）	中英文各 1 份
紧急医学事件报告单	1 份
应急医疗设备和药品使用知情同意书	1 份

（二）急救箱使用

① 在机上出现外伤或者需使用其中用品时，经机长同意即应取用。

② 经过急救训练的乘务员、在场的具有资质的医疗人员、经过专门训练的其他人员均可打开并使用此箱内物品，但非本航班机组人员应在开箱时出示其相关的证件。

③ 使用后要做好相应记录，一式两份，要有乘务长或机长签名，将记录单交使用人一份，一份留在箱内上交管理部门。

三、应急医疗箱

应急医疗箱 (Emergency Medical Kit) 用于对旅客或者机组人员意外受伤或者医学急症的应急医疗处理。

（一）应急医疗箱的数量及内容

根据 CCAR-121 的要求，应急医疗箱应当满足以下要求：每架飞机在载客飞行时应当至少配备一个应急医疗箱。应急医疗箱内应配备的医疗用品和物品如表 4-6 所示。

表 4-6　配备的医疗用品和物品

名　　称	数　量	名　　称	数　量
血压计	1 个	听诊器	1 副
口咽气道 (3 种)	各 1 个	静脉止血带	1 根
脐带夹	2 个	医用口罩	2 个
医用橡胶手套	3 副	皮肤消毒剂及消毒棉	1 盒
体温计 (非水银)	1 支	注射器 (2mL、5mL)	各 3 支
1：1000 肾上腺素	3 支	盐酸苯海拉明注射液	3 支
硝酸甘油片	100 片	阿司匹林	45 片
应急医疗箱手册	各 1 份	紧急医学事件报告单	至少 1 份
紧急医疗设备和药品使用知情同意书	至少 1 份		

（二）应急医疗箱用途

① 机上发现急重伤病旅客，通过广播寻找医务人员，经机长同意即应取用。

② 使用应急医疗箱后，一式三份做好使用记录，并请机长、医生和乘务员分别签名。

③ 确认持有行医证明的医生才能使用机上医用药箱。

四、卫生防疫包

卫生防疫包(Universal Precaution Kit)为密封的软性材质，有防尘、防潮和耐挤压的特性。用于清除客舱内血液、尿液、呕吐物和排泄物等潜在传染性物质，护理可疑传染病病人。卫生防疫包的外包装袋标识如图4-53所示。

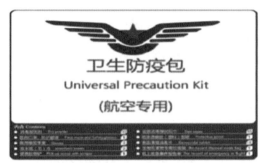
卫生防疫包外包装标识(正面)

卫生防疫包外包装标识(背面)

图4-53 卫生防疫包外包装袋标识

(一)数量

飞机在载客飞行中所配卫生防疫包的数量不得少于每100个旅客座位1个(100以内配一个)；执行疫区飞行的航线飞机，将适当增加防疫包配置，以实际配备数量为准。飞机上卫生防疫包应与急救箱放置在同一位置上。具体的配备内容如表4-7所示。

表4-7 配备卫生防疫包的数量

机 型	卫生防疫包	机 型	卫生防疫包
A350	4	A321	2
A320	2	B737	2

(二)配备内容

卫生防疫包具体的配备内容如表4-8所示。

表4-8 具体的配备内容

项 目	数 量	用 途
液体、排泄物消毒凝固剂	100g	对有潜在传染性的体液可以消毒杀菌，同时有吸水和凝胶化作用
液表面清理消毒片	1～3g	消毒受过污染的物品表面
皮肤消毒擦拭纸巾	10块	消毒手及皮肤表面

续表

项 目	数 量	用 途
医用 N95 口罩	1 个	防止传染病经呼吸道感染
医用眼罩	1 个	防止眼部接触污染物
医用橡胶手套	2 副	防止手部接触污染物
防渗透橡胶（塑料）围裙	1 条	防止前臂和躯体表面接触污染物
大块吸水纸（毛）巾	2 块	擦拭消毒过的表面
便携拾物铲	1 套	清除经消毒凝固剂消毒、凝化处理后的污染物
生物有害物专用垃圾袋	1 套	盛装污染物和所有接触过污染物的物品
物品清单和使用说明书	1 份	提示如何操作和使用
紧急医学事件报告单	至少 1 份	用于紧急医学事件报告

（三）使用方法

① 穿戴个人防护用品：包括医用口罩和眼罩、医用橡胶手套、防渗透围裙等。

② 配制消毒液：取一片表面清理消毒片，放入 250 ～ 500mL 清水中，制成 1 ∶ 500 ～ 1 ∶ 1000 浓度的消毒液，对污物污染的物品表面和地面进行初步消毒。

③ 将消毒凝固剂均匀覆盖于液体或者排泄物等污物 3 ～ 5min，使其凝胶固化。

④ 使用便携拾物铲将凝胶固化的污物铲入生物有害物专用垃圾袋中。

⑤ 用配好的消毒液浸泡的吸水纸巾或者毛巾，对污物污染的物品和区域消毒两次，保证每次消毒液在污染物表面滞留 5min，再用清水擦拭清洗两次。最后将使用后的吸水纸（毛）巾和其他所有使用过的消毒用品放入生物有害物专用垃圾袋。

⑥ 依次脱掉手套、围裙，用皮肤消毒擦拭纸巾擦手消毒；再依次脱下眼罩、口罩，最后用皮肤消毒擦拭纸巾擦手和身体其他可能接触到污物的部位。

⑦ 将所有使用过的防护用品装入生物有害物专用垃圾袋，将垃圾袋封闭，填写"生物有害垃圾"标签，粘贴在垃圾袋封口处。

⑧ 已封闭的生物有害物专用垃圾袋暂时存放于洗手间内并锁闭，避免丢失、破损或对机上餐食造成污染。

⑨ 落地前，乘务长通过驾驶舱将卫生防疫包使用情况告知地面，由地面相关单位补充卫生防疫包，并通知目的地的地面相关部门做好接收准备。

⑩ 乘务长填写紧急医学事件报告单，并于航后 24h 内上交航空公司航医室。

（四）注意事项

① 处理前做好各种防护措施，严格按照操作程序执行。

② 防止消毒凝固剂进入眼睛或沾染到皮肤上，若沾染立即用清水冲洗。

③ 卫生防疫包内药械器具均为一次性，使用后不得重复使用。

五、常备药箱

乘务长在每次执行航班任务时会携带常备药箱（药盒），每个航班配一个，航班结束时带回航空公司客舱部。

通常包含风油精、晕机药、退烧药等旅客经常使用的药品，均为OCT非处方药，此外还有创可贴、温度计和烫伤膏等。

练习题

1. 飞机上的应急医疗设备都包括哪些？
2. 列举至少5种应急医疗药箱内的物品。
3. 根据运行规范要求，B737系列飞机载客人数168人，应该配备几个急救箱？
4. 机上发现重伤病旅客，乘务员需要立即抢救，应该使用哪些应急设备？
5. 卫生防疫包用于客舱出现什么情况时处置？

第九节　圆形救生船

一、圆形救生船的基本介绍

圆形救生船适用于飞机撤离滑梯不能作为救生船使用的机型，如B737系列飞机。客舱内配有救生船数量为4～5条，放置在客舱中靠近出口的指定位置，如图4-54所示，乘务员需要提醒旅客，装有救生船的行李箱内不能放置行李。圆形救生船重量大约103lb，充气大约需要30s。B737系列飞机每条救生船额定载客46名，A319型飞机每条救生船额定载客32名。

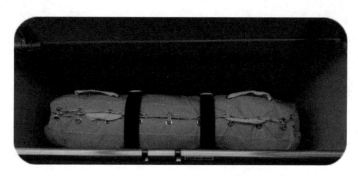

图4-54　圆形救生船外观

二、圆形救生船的结构

圆形救生船为双层结构，上、下两面完全相同，每面都有完整的设备，如图 4-55 所示。

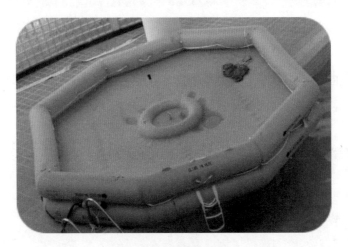

图 4-55　圆形救生船

三、圆形救生船的设备

圆形救生船包含以下设备，如图 4-56 所示。

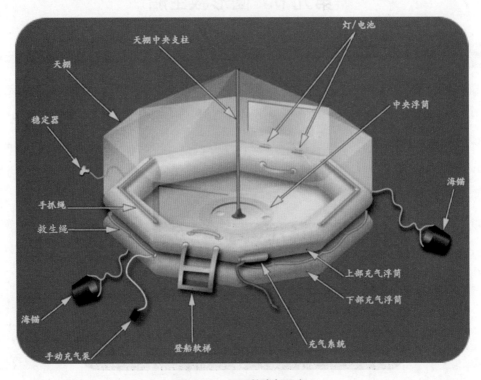

图 4-56　圆形救生船设备

① 海锚：用于稳定船体，长度为20m，使用时保持在救生船的风上侧。

② 稳定器：位于充气浮筒外侧，遇有大风浪时，增加船体稳定性。

③ 救生绳：位于船外侧上、下浮筒之间。落水者抓住此绳，以免沉入水中或者漂离救生船。

④ 手动充气泵：用于给充气浮筒打气。

⑤ 登船软梯：用于落水者登船之用。

⑥ 定位灯：位于登船软梯两侧的充气浮筒上，给落水者照明使用。

⑦ 天棚：与撑杆组合，能够遮风避雨。

⑧ 救命包：位于充气浮筒外侧的救生绳上，存放逃生后生存所需物品。

⑨ 小刀：用来割断救生船与机体的连接绳。位于系留绳旁边。

四、圆形救生船的操作方法

① 确认飞机完全停稳。

② 判断水面状况：舱门底部高于水面。

③ 开启客舱出口，翼上出口要挂好救生绳。

④ 从客舱中取出救生船，搬到出口处。

⑤ 在救生船的一端，拉出系留绳，系在客舱出口处的牢固位置上，系成活结方便解开。需要注意的是，当拉出系留绳时，不要全部拉出；否则会造成救生船在客舱内充气而堵住逃生出口。

⑥ 将救生船推入水中。

⑦ 继续拉系留绳，使救生船充气。

⑧ 救生船充气完毕后指挥旅客登船。

⑨ 登船完毕，解开连接绳或者用小刀割断连接绳，使救生船脱离飞机。

⑩ 将救生船远离飞机，以防飞机沉没时救生船被吸入海水中。

到达安全区域后营救落水者、连接各船、清点人数、救治伤员、支撑天棚、使用求救设备等。

五、救命包

救命包也称为SK(Survival Kit)包，通常存放于救生船或滑梯包中。飞机遇有紧急情况时使用，尤其是水上迫降，要立即启用救命包中物品开启自救行动。

（一）救命包中的物品

以 A320 系列飞机为例，救命包内包含表 4-9 所列物品。

表 4-9　救命包内物品

套件一	套件二
① 绷带包 ② 三角巾 ③ 海绵 ④ 舀水桶 ⑤ 口哨 ⑥ 海水染色剂 ⑦ 反光镜 ⑧ 包装好的水壶 ⑨ 救生手册 ⑩ 海水手电筒 ⑪ 小刀 ⑫ 修补工具 ⑬ 救生筏管理指南	① 信号弹 ② 安全灯棒 ③ 净水药片 ④ 阿莫尼亚吸入剂 ⑤ 烧伤 / 烫伤软膏 ⑥ 消过毒的棉球 ⑦ 眼药膏 ⑧ 蔗糖 ⑨ 碘酒擦 ⑩ 晕船药
	套件三
	① 手动气泵 ② 顶篷和支柱 ③ 救生筏罩

部分物品如图 4-57 所示。

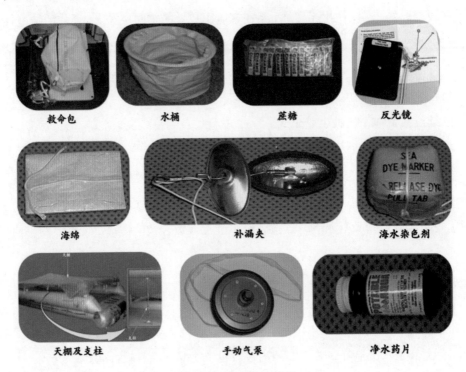

救命包　　　水桶　　　蔗糖　　　反光镜

海绵　　　补漏夹　　　海水染色剂

天棚及支柱　　　手动气泵　　　净水药片

图 4-57　救命包中物品

（二）主要功能介绍

① 天棚和支柱：用来防止曝晒和遮雨，还能用来收集雨水以供饮用。天棚颜色明亮，便于搜救人员搜寻。

② 生存手册：包括滑梯/救生船的维护方法和详尽的生存资讯，如教幸存者怎样逃生、怎样使用救生设备、如何克服自然风险、如何寻求食物等。

③ 净水药片：净化雨水和露水等。需要注意，净水药片不是去盐药片，不能将海水或者盐水变为饮用水。

④ 反光镜：金属方盘，中间有视孔，用于把日光或月光反射到空中飞过的飞机上或者海面的轮船上，从而向外界发出求救信号；反射的光线可以被20mile(约32km)范围内的救援人员发现；小心保护反光镜不被海水侵袭。

使用方法：缓慢地将反光镜拿到与眼睛相平的位置，透过观察孔观察；当看到一束亮光时，这就是目标的指示方位；把反光镜移向你的眼睛，调整反光镜，直到亮光照在目标上。

⑤ 信号弹：白天或黑夜向外界发出求救信号的设备，只能使用一次，使用时间为20～30s。所以，要在确实看见或听见有飞机或船舶经过或正接近时再使用。

使用方法：拉起D形环，用力快速打开密封盖，信号弹开始发烟或冒火。操作时最好戴上手套，放在船外放在风下侧，与水平方向向上成45°角；一头用完后，用水蘸灭保存，另一端可继续使用。白天使用橘黄色端头平滑的一端，发出橘黄色烟雾，4～6km可见；夜间使用红色端头高低不平一端，发出红色的光，15～18km可见。

⑥ 安全灯棒：用于标识船的位置，颜色为翠绿色。使用时从中间折弯(注意不要折断)，用力摇晃，系在船外侧的绳上，使用时间12h。

⑦ 海水染色剂：用于改变海水的颜色发出求救信号，持续时间为45min，如遇大风浪时，持续时间为15min。含有一种使救生船周围1000ft(约300m)的海水染成绿色荧光的化学物质，有防鲨、求救的作用。

使用方法：把短绳系在救生船的风上侧，拉开拉环释放染料，把染色剂扔入水中。

⑧ 修补工具：用于修补滑梯筏/救生船上的任何破损。

⑨ 哨子：用于集合和发出信号。在雾天或夜晚用来确定附近的生还者和其他滑梯筏的位置，或者吸引附近海面上其他船只的注意。

⑩ 海水手电筒：用于照明和发出求救信号。在开阔的海面上，8mile(约13km)范围内可以看见电筒的灯光。

⑪ 手动气泵：用于往救生船的充气浮筒内充气。

⑫ 晕船药：晕船时使用。上船前服 2 片，每隔 4 ~ 6h 再服 1 片，每 24h 不能超过 6 片，发困时停止服用。

⑬ 绷带包：用于外伤包扎。

⑭ 碘酒擦：用于涂抹外伤。

⑮ 蔗糖：用于补充体内糖分，滋润口腔。

⑯ 烫伤膏：用于烧伤、灼伤和擦伤等。

⑰ 海绵：用于吸收船内积水。

⑱ 舀水桶：用于装淡水和清除船内积水。

练习题

1. B737 系列飞机圆形救生船数量是多少？

2. B737 系列飞机圆形救生船数量额定承载多少人？

3. 圆形救生船的充气时间是多少秒？

4. 列举至少 5 种圆形救生船上的设备。

5. 列举至少 8 种救命包内的物品。

6. 简述反光镜的使用方法。

7. 简述信号弹的使用方法。

8. 海水染色剂的作用是什么？

9. 净水药片的作用是什么？

10. 安全灯棒如何使用？

附录一 飞机制造商简介

一、空中客车公司简介

空中客车公司是欧洲一家飞机制造研发公司。于1970年12月在法国成立。空中客车公司总部设在法国图卢兹，由欧洲宇航防务集团拥有。空中客车公司是一家全球性企业，全球员工约54000人，在美国、中国、日本和中东设有全资子公司，在汉堡、法兰克福、华盛顿、北京和新加坡设有零备件中心，在图卢兹、迈阿密、汉堡和北京设有培训中心，在全球各地还设有150多个驻场服务办事处。空中客车公司还与全球各大公司建立了行业协作和合作关系，在30个国家拥有约1500名供货商网络。公司以客户为中心的理念、商业知识、技术领先地位和制造效率使其跻身行业前沿。

中国于1985年引进第一架空中客车飞机。自1994年空中客车中国公司正式成立以来，快速增长一直是空中客车在中国的显著特点。在不到20年的时间里，空中客车公司在中国服役机队规模扩大了50倍。2013年12月，空中客车中国公司交付了第1000架飞机，占据了中国100座级以上飞机的半壁江山。

2005年7月，空客（北京）工程技术中心在北京正式启用。空中客车公司还建立了全面而集中的售后服务机制，在中国20个城市派驻了客户服务和技术支持服务站，并于1997年斥资8000万美元在北京建立了一家先进的培训和支援中心。

2006年10月26日，空中客车公司在北京与由天津保税区、中国航空工业第一集团公司和中国航空工业第二集团公司组成的中方联合体签署了在中国共同建设A320系列飞机总装生产线的框架协议。2007年5月15日，空中客车A320系列飞机天津总装线项目在天津滨海新区正式开工。

2017年，全新的A330系列飞机完成与交付中心在中国天津启用。该中心与A320系列飞机亚洲总装线和空客天津交付中心位于同一园区内，是空客在欧洲以外的首个宽体飞机完成与交付中心，负责A330系列飞机的客舱安装、喷漆、飞行测试、客户验收和交付等工作。

2019年，空中客车与中国签署了《关于进一步发展工业合作的谅解备忘录》，标志

着空中客车与中国的长期伙伴关系持续加强。双方承诺采取切实有效的新举措继续推进在空客单通道和宽体飞机领域的工业合作。

空中客车公司由欧洲两个最大的军火供应制造商，即欧洲航空防务航天公司(EADS80% 股份) 和英宇航系统公司 (BAE20% 股份) 共同拥有。空中客车公司作为一个欧洲航空公司的联合企业，其创建的初衷是为了同波音和麦道那样的美国公司竞争。

欧洲空客的生产线是从 A300 系列开始的，它是世界上第一个双通道、双引擎的飞机，比 A300 系列更短的型号被称为 A310 系列。空中客车在 A320 系列上应用了创新的电控飞行操作 (Fly-by-wire) 控制系统。而 A320 系列获得了巨大的商业成功。

空中客车公司的现代化综合生产线由 4 个非常成功的系列机型组成：单通道的 A320 系列 (A318/A319/A320/A321)、宽体 A300/A310 系列、远程型宽体 A330/A340 系列、全新远程中等运力的 A350 宽体系列，以及超远程的双层 A380 系列。空中客车公司已经售出了 7200 多架飞机，拥有 300 多家客户 / 运营商，自从 1974 年首次投入运营以来，已经交付了 4600 多架飞机。

二、波音公司简介

波音公司是全球最大的航空航天业公司，也是世界领先的民用飞机和防务、空间与安全系统制造商，以及售后支持服务提供商。作为美国最大的制造出口商，波音公司为分布在全球 150 多个国家和地区的航空公司和政府客户提供支持。波音的产品以及定制的服务包括民用和军用飞机、卫星、武器、电子和防御系统、发射系统、先进信息和通信系统以及基于性能的物流和培训等。

　　波音公司一直是航空航天业的领袖公司，也素来有着创新的传统。波音公司不断扩大产品线和服务，满足客户的最新需求，包括开发更新、更高效的民用飞机家族成员；设计、构筑、整合军事平台以及防御系统；研发先进的技术解决方案，以及为客户安排创新的融资和服务方案等。

　　波音公司的总部位于芝加哥，在美国境内及全球超过 65 个国家和地区共有员工 15.3 万人以上。这是一支多元化、人才济济且极富创新精神的队伍。波音公司还非常重视成千上万分布在全球供应商中的人才。

　　波音公司下设 3 个业务部门，即民用飞机集团，防务、空间与安全集团和波音全球服务集团。作为金融解决方案的全球提供者，波音金融公司负责支持这些业务集团。

　　民用飞机集团目前制造 737、747、767、777 和 787 家族以及波音公务机。正在研发中的新机型包括 787-10 梦想飞机、737MAX 和 777X。在世界各地运营的波音民用飞机超过 10000 架，占到全球机队的近一半。此外，波音提供最完善的货机家族，全球 90% 的航空货物是由波音货机运输的。

　　此外，还有一些在整个公司层面工作的职能组织，关注工程和项目管理、技术和研发项目执行、先进设计和制造系统、安全、财务、质量和生产力改进以及信息技术。

　　波音预测，中国未来 20 年间将需要 7690 架新飞机，总价值达 1.2 万亿美元。中国是全球唯一一个万亿级美元的民用飞机市场。

　　此外，波音预测中国将需要超过 1.5 万亿美元的航空服务以支持机队的发展，成为全球最大的航空服务市场之一。对于服务市场的预测涵盖了维修和工程这一重要类别，包括保持或恢复飞机适航性所需执行的任务，如系统、部件和结构等。另一大类别是飞行运营市场，包括与驾驶舱、客舱服务、机组培训和管理、飞机运行相关的服务。

　　波音预测，单通道飞机的需求继续占主导地位，为新飞机总需求量的 75%。宽体机的需求则增速更快，预计将增至现有宽体机规模的 3 倍。此外，由于中国拥有全球发展最为快速的电子商务业，货机的需求也将呈指数级增长。

三、中国商飞公司简介

中国商用飞机有限责任公司，成立于 2008 年 5 月 11 日，总部设在上海。由国务院国有资产监督管理委员会、上海国盛（集团）有限公司、中国航空工业集团有限公司、中国铝业集团有限公司、中国宝武钢铁集团有限公司、中国中化股份有限公司共同出资组建，2018 年年底新增股东单位——中国建材集团有限公司、中国电子科技集团有限公司和中国国新控股有限责任公司。主要从事民用飞机及相关产品的科研、生产、试验试飞，从事民用飞机销售及服务、租赁和运营等相关业务。

企业使命：让中国的大飞机翱翔蓝天。

企业愿景：为客户提供更加安全、经济、舒适和环保的商用飞机。

企业目标：到 2035 年，把商用飞机项目建设成为新时代改革开放的标志性工程，创新型国家和制造强国的标志性工程，把公司建设成为世界一流航空企业。到 21 世纪中叶，把商用飞机项目建设成为社会主义现代化强国的标志性工程，把公司建设成为"四个世界级"航空强企。

大飞机创业精神：航空强国、"四个长期"、永不放弃。

C919 大型客机是我国按照国际民航规章自行研制、具有自主知识产权的大型喷气式民用飞机，座位数 158 ~ 168 个，航程 4075 ~ 5555km。2017 年 5 月 5 日成功首飞。

ARJ21 新支线飞机是我国按照国际民航规章自行研制、具有自主知识产权的中短程新型涡扇支线客机，座位数 78 ~ 90 个，航程 2225 ~ 3700km。目前，ARJ21 新支线飞机已正式投入航线运营。2020 年 6 月 28 日，中国航空集团有限公司、中国东方航空集团有限公司、中国南方航空集团有限公司在中国商用飞机有限责任公司总装制造中心浦东基地接收首架 ARJ21 飞机。3 架飞机同时交付标志着 ARJ21 飞机正式入编国际主流航空公司机队。

2020 年 7 月 30 日，经过半个月的试验试飞，ARJ21 飞机在全球海拔最高民用机场——稻城亚丁机场 (海拔 4411m) 顺利完成了高原专项试验试飞任务，返回上海。这标志着 ARJ21 飞机运行范围可覆盖所有高原机场，为未来开辟高原航线奠定了坚实的基础。

CR929 远程宽体客机是中俄联合研制的双通道民用飞机，以中国和俄罗斯及独联体市场为切入点，同时广泛满足全球国际、区域间航空客运市场需求。CR929 远程宽体客机采用双通道客舱布局，基本型命名为 CR929-600，航程为 12000km，座位数 280 个。此外，还有缩短型和加长型，分别命名为 CR929-500 和 CR929-700。

第二十二届中国国际工业博览会于 2020 年 9 月 15—19 日在上海举行，中国商飞携 ARJ21 新支线客机模型、CBJ 公务机模型、C919 大型客机模型、CR929 远程宽体客机模型亮相航空技术与装备展区。

附录二 客舱服务设备中英文对照表

下表为机上客舱服务设备名称的中英文对照表，供大家参考学习，以便更好地掌握学习内容。

设备中文名称	英文名称	设备中文名称	英文名称
客舱	cabin	厨房	galley
座椅靠背	seat back	食品箱	container
座椅扶手	armrest	抽屉	drawer
座椅背后口袋	seat pocket	厨房电源	galley-power
小餐桌	seat table	照明	area light
烟灰缸	ash tray	烧水杯	hot cup
衣帽间	closet	冷风机	air chiller
呼叫按钮	call button	保温箱	warming cabinet
阅读灯	reading light	保温壶	hot jut
座椅	seat	煮水器	water boiler
行李架	overhead compartment	水关闭阀	water shout off value
座椅套	dress cover	洗手池	wash basin
安全带	safe belt	烤炉	oven
音量调节	volume control	升降梯	lift cart
旅客娱乐和服务系统	passenger entertainment and service system	烤炉定时器	time selector
废物箱	waste bin	录像系统	video equipment
工作灯	work light	电影屏幕	screen
厨房照明	counter light	卫生间	lavatory
投影无图像	no display on screen	遥控器连接线	cable for pcu
耳机插孔	headset plug	抽水马桶	flushing toilet
耳机没有声音	no audio	冲水钮	toilet flush
电视盖板	video cover	烟雾探测器	smoke detector
登机音乐	boarding music	化妆品抽屉	amenities drawer
遥控器	pcu	储藏箱	stowage
紧急设备	emergency equipment	滑梯包	slide package
客舱温度	cabin temperature	氧气瓶	oxygen bottle
婴儿摇篮	baby bassinet	手电筒	flash light
折叠车	folding trolly	救生衣	lift vest
灭火瓶	extinguisher	机门分离器	slide

附录三 案例赏析

【案例：厨房餐车导致的伤害】

2004年10月CA1590航班，由B737-800型执飞上海至北京。飞机起飞后不久，"系好安全带"灯刚刚熄灭，但飞机还在上升阶段。这时，负责后厨房工作的5号乘务员开始起身做开餐供应准备，突然厨房一部餐车因未踩刹车而冲出，撞伤该乘务员腰部。

2010年6月17日CA934航班，由巴黎飞往北京，机型A340-300，飞机号B-2389。飞机从巴黎起飞后，进入餐饮供应阶段，此时普通舱乘务员由于忽视了饮料车刹车失灵的情况，造成饮料车滑动碰伤一位旅客的头部。乘务员随即对该旅客进行安抚和治疗，乘务长也在第一时间赶到现场并向旅客道歉，还将其调到公务舱进行休息。飞机落地后乘务组联系了地面医生，对旅客的情况进行了检查，并将情况通报给地面工作人员进行后续的处理。

分析：厨房餐车的刹车装置和厨房安全锁扣的设计，完全符合适航安全标准要求，只要按规定正确使用各个设备，餐饮车撞伤事件是完全可以避免的。同时，做好航前设备检查工作，可以避免在飞行中出现不必要的伤害。

【案例：应急设备的大作用】

2012年7月在CA175悉尼飞往北京的航班上，一位初次来中国的外籍教师Ms.Helen Cooper感到心脏非常不舒服，呼吸困难。由于语言障碍，她用手势向乘务员表达需要帮助。乘务员看到她脸色苍白、呼吸急促，第一反应是需要急救。该乘务员立即报告乘务长，并拿取氧气瓶协助她吸氧，同时广播寻找医生。5min后医生来到病人面前，这时Ms.Helen Cooper的病情有所好转，脸色略显红润、呼吸逐渐趋于平稳。经医生检查后，确认生命体征处于正常，不会有生命危险。在后续飞行中，乘务员丝毫不敢放松，一直监护在病人身边，精心照顾，虽无生命危险，但是病人身体很虚弱，一直出虚汗，乘务员帮助病人做了多次物理降温(用毛巾包好冰块放在干净的塑料手套内，给她进行冷敷，用杂志给她不停地扇风，提供矿泉水、用热毛巾擦汗、提供糖水等服务)，经过一路上的细心照顾，飞机快要下降了，乘务员再次询问她感觉如何，她微笑着说道："OK!"乘务长又询问她是否需要轮椅，她表示需要(没有提出要救护车)。经过后期了解，得知这位乘客要到中国来工作，因为乘机前准备工作太劳累、太激动，睡眠又不佳，是造成病情发作的主要原因。出于对受过良好急救培训的国航乘务员的感谢之情，几天后这位外国教师专门派人送来花篮到客舱部表示深深的感谢。

2011 年 5 月 25 日，从北京起飞前往上海的国航 CA1549 次京沪空中快线航班在飞行途中突发电池自燃事件，所幸机组人员正确处置，并对机舱乘客进行安抚和道歉。该航班上有 200 多名旅客，在飞行途中，乘务员在进行客舱巡视时闻到异味并发现有微弱冒烟迹象，伴随越来越浓的焦煳味后，乘务员打开了冒烟的行李柜，火苗已有一二十厘米高，旅客惊呼"飞机客舱起火了！"。原来是一名头等舱外籍旅客携带的摄像机电池发生自燃，乘务员迅速进行了处置，把电池扔到了洗手间，用灭火器熄灭了火焰。由于机组和乘务员处理得当，沟通及时，最终未给飞行造成重大影响，飞机按计划安全着落。事发后，乘务长和机长在广播中连连道歉，给旅客压惊。

分析：飞机上配备应急设备，目的是在紧急情况下保障人员和财产安全。只有掌握了应急设备的使用方法，审时度势，才能在关键时刻挽救生命，熄灭火情。

致　　谢

　　在本书编撰过程中，首先特别感谢国航客舱培训部、空客及波音提供的技术支持。掩卷思量，饮水思源，谨在此表示衷心的感谢！

　　其次，感谢网络信息时代。现代网络信息蓬勃发展，既推动了社会的进步也为本书撰写提供了很多素材。一方面要感谢百度、Google、民航资源网等网络信息技术公司，更要感谢在网络上无私分享的网友们。本书中引用部分都尽量与原作者联系并得到了授权，但由于水平所限，难免纰漏，如有版权问题，请与编者联系，敬请谅解。

　　最后，感谢清华大学出版社编辑部的老师们，你们在封面设计、文字校对、文稿润色、出版安排等方面给予编者巨大的帮助与启发。谢谢你们！